好吃又好做的活力简餐

［日］山本优莉 著　高莉 译

南海出版公司

Prologue

好吃又好做的活力简餐

大家好，我是山本。

非常感谢你们从众多烹饪书当中选择了这一本。

终于出版第 3 册书了。
每次推出新书都很紧张……吞口水。（年糕小豆汤。）

我可什么都没喝哦。

正在阅读这本书的您，想必偶尔也会站着看书吧。
那么要选择什么样的书呢？
顺便说一下，我现在就在你身后哦。

好恐怖啊！

看了标题，你也许会以为这本书是关于时尚的外国咖啡馆
或者又暖又温馨的生活空间的。

我也希望是这样。

真不好意思。

说起来，我是个笨手笨脚又怕麻烦的人。
烹饪书上写着“5 分钟完成”的菜式，我一般都做不出来，
有些特别的调味料我也很难在保质期前用完。

像“Garam Masala”这样的印度香辛料会留一辈子吗？

还常常不想做菜。
这本书中就收集了一些连懒懒的我
也想试着做一做的菜式。

今晚吃的就是外卖的饺子和炒饭。

而且是用一次性筷子就着包装袋吃的。

本书的特点

■ 选用很容易买到、尽可能便宜的原料，任何人都能做的料理。
1 大勺鲜奶油、5 个蛋黄、鱼酱、意大利黑香醋、红葡萄酒醋之类的一概不会用到。
※ 虽说原料哪里都能找到，不过游牧民族的朋友也可能会说“我的帐篷里可没有”。调味料或者酱汁几乎都是会反复用到的。

■ 只要备齐有限的几种调味料，整本书中的菜式都适用。
※ 不时会出现蚝油、豆瓣酱和芥末籽酱等，不好意思，因为我家有一些。

怎么那么任性啊！

■ 读起来轻松愉快的烹饪书。
内容很丰富，读起来一点也不觉得辛苦。

■“好吃”比什么都重要。
虽然简单，不过预先调味等步骤并没有省去。
我要的不是“味道还行”，而是“哇，太好吃了”。

■ 根据自己的口味调整。
为了方便初学者，各种原料的用量都写得很详细，当然也可以相应增减食材或调味料，有的话按食谱说明加足，没有就省略。味道淡就多加些盐。

解决问题的办法。

啊，还有就是这些料理看起来就像是咖啡馆的简餐。

这难道不是主题吗？

关于我的第 3 本食谱，
所有参与制作的工作人员基本上是从零开始准备工作。

结果呢？

不管做什么都有不同意见，书稿一直在修改。
从初夏开始准备，差不多花了一年时间。

老实说，我认为第 3 本食谱是最好的。
※ 纯属个人观点。

是广告吗？

在这本书中，我们意识到了“健康饮食”的重要性，
但还是忍不住加入了蛋黄酱、米饭、汉堡肉饼、烤肉和三明治……

吃起来毫不费力。

这次有相当一部分是我的博客中没有介绍过的菜式，超过了 60 道。
另外，即使是在博客中介绍过的，
也对原料与做法进行了调整或改良，比以前更好吃了。
另外还有新专题内容，也会像以前那样，讲一讲与烹饪无关的琐碎生活。

日式饮食大师如果看了这本书，
恐怕会觉得“真可悲啊！”
要是那样的话，我会在这里回复：
“同感。好像到了世界末日。”

大师的评价。

为什么不在大师的网络空间回复呢？

作为一本烹饪书，也许还有很多地方做得不够好，
如果您能以温和的目光支持我们，我们会很高兴的。

花费精力、时间和热情，精心做的料理是最好吃的，
也是饮食文化中最重要的。

然而，大家在生活中有各种各样的事情要做，
有时很难挤出时间做饭。
其实就是嫌麻烦……

不是说没时间吗？

并非所有人都喜欢烹饪，也没有非喜欢不可的理由。
“加油！你一定要喜欢烹饪！”与其这样说，不如偶尔做一下试试。

要是能这样想并把这本书悄悄地放在书柜里，我就很开心了。
休息一下，放松心情，随意坐下，翻开第一页吧。

新经典文化股份有限公司
www.readinglife.com
出 品

Contents

recipe column

笑一笑 column

关于本书

＊1杯=200毫升，1大勺=15毫升，1小勺=5毫升，大米1合=180毫升。

＊微波炉的加热时间以500瓦的微波炉为参考。用400瓦的微波炉加热用时相当于标注时间的1.2倍，600瓦的时间应设为标注时间0.8倍。微波炉型号不同，效果也会有差异。

＊原料表中的出汁、高汤等可以用市面上销售的高汤块代替，按照高汤块的操作说明加热水溶解即可。

＊请看完整篇食谱再动手。另外，烤箱的预热工作、模具和面粉筛等请预先准备好。

＊本书也收入了一些与烹饪无关的内容和冷笑话。不感兴趣的朋友可以直接跳过。

大概是

最受欢迎的20道菜

这一部分收录的食谱都是大家认为“非常好吃”，
或者是在我的美食博客中点击量排在前列的菜式……

经过筛选，
我们从中挑选出了这20道菜。

不知道做什么菜的时候请翻翻这些菜谱，
因为每道菜都很好吃。

※ 紧张的评选会场

住在附近的陶艺家（86岁）。

田中次郎：“要选分量大的。”
山本：“这不是分量大的吗？”
田中次郎：“要更大一些，吃得停不下来的那种。”
山本：“可是这道菜排名第一啊！”
田中次郎：“但是热量好像不够。”
山本：“只有你会这么说！”（笑）
田中次郎：“不，还是要选炸物。因为大家都喜欢吃油炸的东西。”

格言：大家都喜欢吃油炸的东西。

\当之无愧/

1位

酥炸蒜香柠檬胡椒鸡

老实说，这道菜可能不是第一名，不过我非常喜欢。
鸡肉鲜嫩，面衣也很有味道。
用煎炸的方式也可以做出酥脆口感，不过，我还是选择了干炸法。

原 料（2人份）

鸡腿肉……1块

A
- 柠檬汁……1大勺
- 蒜泥、盐……各1/4小勺
- 鸡精……1/2小勺
- 酒……少许

B
- 土豆淀粉……5～6大勺
- 盐、黑胡椒碎……各1/4小勺
- 砂糖……少许

色拉油……适量
生菜……适量

可以买市面上销售的成品腌肉汁。

也可以用软管装的蒜泥。

做 法

1. 鸡肉切成小块，用A腌渍15分钟，然后裹上混合均匀的B，用力握一下。
2. 平底锅中倒入足量色拉油，加热。把鸡块皮向下放入锅中，炸成金黄色后翻面，转中小火炸至熟透。
3. 盘子中铺一些生菜，放入鸡肉。

装入保鲜袋中腌渍会轻松许多。

"足量"是指比平时炒菜的油量多一些。炸熟后请充分沥干油。

\不应该是/

2位

美味酱汁五花肉

将煮好的酱汁淋在五花肉上，味道浓厚，多煮一会儿就没那么油腻了，非常好吃。恐怕这道菜才是第一名。

原 料（2人份）

五花肉片……………200 克
卷心菜叶………………3 片
酒…………………………2 大勺

A
- 砂糖、酱油……………各 2 大勺
- 醋………………………1 大勺
- 蚝油、味醂……………各 1/2 大勺
- 炒黑、白芝麻……适量

做 法

1. 把肉片切成方便食用的小片，将卷心菜叶撕成小块。
2. 锅中加水煮沸，把卷心菜叶快速焯一下捞出。将酒倒入水中，放入肉片，煮变色后关火，捞出备用。
3. 把 A 倒入平底锅中煮滚。放入沥干水的肉片，炒匀后撒入芝麻。
4. 将卷心菜叶铺在餐盘中，然后盛入肉片、淋上酱汁。

让肉片浸在调味汁中即可。

也可以用豆芽或生菜代替卷心菜。

今天试做了，非常好吃。我已经爱上这个味道了。
（B 级 Volvox）

实在太美味了，都被我吃光了！（笑）当然连卷心菜也吃光了。（Marly）

\也许是/

3位

乳酪焗牛油果肉末

冰箱里有剩的肉末，于是做了这道菜。
牛油果 + 肉末 + 蛋黄酱 + 海苔丝，味道独特的组合，非常好吃。

原 料（2人份）

猪绞肉……………………40 克
洋葱末……………………1 大勺

A
- 酱油、味醂①、味噌、砂糖、水… 各 1 小勺
- 姜末……………………少许
- 牛油果…………………1 个
- 乳酪片…………………1 片

蛋黄酱、海苔丝………适量

做 法

1. 不用倒油，加热平底锅，放入绞肉和洋葱末，翻炒至洋葱末变色后倒入 A，炒至收汁关火。
2. 用刀沿着牛油果外皮纵向划一圈，双手分别握住上下两部分，相对一扭即可分成两半。取出果核，填入①，然后撒上撕成小块的乳酪，挤少许蛋黄酱。
3. 把牛油果放入耐热容器中，送入烤箱烤至乳酪呈金黄色，出炉后撒些海苔丝。

没有的话可以不加。

没有的话可以不加。

糟了，忘记加了。

实在太好吃了，很感动。男朋友也很高兴地连连说好吃，还说海苔丝也很好吃。吃剩的就当作便当带去公司了。Yeah!　　（Moricana）

①日式甜料酒，日本料理常用调味料。可用米酒加适量糖代替。

电饭锅叉烧

只需把食材放入电饭锅，就能做出裹着浓郁酱汁的叉烧。
不过，之后用电饭锅煮的饭会有一点叉烧的味，特别提醒一下。（请不要介意。）

原料（容易制作的用量）

猪五花肉块……………………………500 克

A
- 酱油……………………………………5 大勺
- 砂糖、酒……………………………各 3 大勺
- 味醂……………………………………1 大勺
- 葱（取葱叶）………………………………1 根

B
- 砂糖、酱油、味醂、水 ……………………………各 2 大勺
- 蒜泥（根据口味添加）…………少许

C
- 土豆淀粉……………………………1/2 小勺
- 水…………………………………………1 大勺

半熟蛋、萝卜苗……………………………适量

做法

1. 加热平底锅，不用倒油，放入肉块大火煎至两面金黄，取出吸去表面油脂。
2. 把①和 A 放入电饭锅，倒入没过肉块的水，按下煮饭键。完成后切成方便食用的小片。
3. 不用倒油，加热平底锅，将②煎至两面金黄后盛出。用厨房纸擦去锅中的油脂，放入 B，煮沸后用 C 勾芡，倒入肉片炒匀。
4. 盛盘，点缀上半熟蛋和萝卜苗。

煮好后如果觉得肉不够软嫩，可以再启动一次煮饭程序。

有些电饭锅会一直煮到水分完全蒸发，用这样的锅煮 1 小时左右就可以关电源了。

电饭锅中的酱汁比较油腻，所以我另外做了酱汁，不介意的话也可以直接用煮肉的酱汁。

好像有的电饭锅只能煮饭，不可以煮其他菜。请务必仔细阅读说明书。（现在吗？）

今天晚饭做了这道菜，超级好吃，老公也说："真好吃！"都吃光了。
（美丽爱）

大儿子试吃之后大叫："山本小姐太厉害了，神啊！"（笑）
（TORATORA）

\不太确定的/

5位 蛋黄酱拌土豆培根和半熟蛋

**对于这个作品，我很有信心。
其实就是土豆沙拉的改良版拌入炒过的咸甜味的洋葱，
淋上调味汁，再加入半熟蛋拌匀，撒一些煎得香脆的培根。**

原 料（2人份）

洋葱 ························1/4 个
培根 ························1 片
半熟蛋或者水煮蛋 ·······1 个
土豆（大个儿的）·········2 个
色拉油 ······················1 小勺
A
- 酱油 ······················1 大勺
- 砂糖、味醂 ·············各 1/2 大勺
- 蒜泥（根据口味添加）·············少许

B
- 蛋黄酱 ····················3 大勺
- 盐、胡椒粉 ···············少许

蛋黄酱 ························适量
黑胡椒碎、干欧芹（根据口味添加）·····················适量

做 法

1 洋葱切末，培根切成细条，半熟蛋切成小块。土豆洗净后不用擦干，直接包上保鲜膜放入微波炉加热6～7分钟，取出后剥皮压碎。
2 加热平底锅，不用倒油，把培根煎脆备用。
3 擦去平底锅中的油脂，倒入色拉油加热，放入洋葱。翻炒至洋葱变透明后加入A煮至收汁。盛出洋葱沥干，拌入土豆泥中，再加1/2的半熟蛋和B，用叉子一边将食材压碎一边拌匀。
4 盛盘后放入剩下的半熟蛋，画圈倒入平底锅中的调味汁，然后挤一些蛋黄酱。撒上培根，根据口味加点黑胡椒碎和干欧芹。

调味汁可以一直留在锅里。

没有干欧芹也没关系，加点黑胡椒碎更好吃，请撒一些。

老公平时从没有夸过什么菜好吃，这次却发自内心地说："这是结婚以来做得最好吃的一道菜。"都吃光了。（Yongmaru 妈妈）

这道菜做了好几次了。我不喜欢吃土豆沙拉，却很喜欢吃这个改良版。老公也很喜欢。孩子们尝了一下就说还要吃，赖在厨房不愿离开。（佳奈）

\看心情决定的/

6位 豆腐可乐饼＊火腿乳酪毛豆馅

**要依次裹上小麦粉→蛋液→面包糠这些食材，很担心豆腐太软、可乐饼会散。
做的时候要用力握一下，挤出豆腐中的一部分水分，然后再裹上面包糠。**

Q. 用绢豆腐可以吗？
A. 不想后悔的话可以用，我不管。

原 料（6小块）

木棉豆腐 ······················1 块
火腿 ····························2 片
乳酪片 ·························1 片
鸡蛋 ····························1 个
A
- 盐煮毛豆（去荚）··············10 根
- 盐、胡椒粉 ···············少许

面包糠、煎炸油 ···············适量
B
- 番茄酱、蛋黄酱 ···············各 3 大勺

生菜 ····························适量

做 法

1 用厨房纸把豆腐包好，放入微波炉加热3分钟后取出放凉。火腿和乳酪切成小片。
2 将豆腐压碎，加入蛋液拌匀，再拌入火腿、乳酪和A，整形成椭圆形，用力握一下，挤出部分水分后裹上面包糠。
3 在平底锅中倒入1厘米深的煎炸油，加热到170℃，放入②炸至两面呈金黄色。
4 在盘子中铺几片生菜，放入③，淋上搅拌均匀的B。

用冷冻的也可以。

轻轻地放入锅中，以免可乐饼裂开。不要翻动，炸至金黄色后再翻面。

和2岁的女儿两个人吃得停不下来了。（Miki）

利用豆腐中的水分粘住面包糠，很容易做。外壳酥脆，馅料绵软，口感很好！（Hongta）

\大概是/ 7位

鸡肉配辣味酱汁

甜味鸡肉搭配辛辣的豆瓣酱，非常好吃。
味道就像干烧虾仁。
反正很下饭就对了。

实在太好吃了！用这种方法做鱼也很好吃。一定会再做的！（宇佐美）

老公还没回来我已经吃了3块……完全停不下来，米饭吃了两碗。老公也称赞说很好吃。山本小姐，谢谢你！（yamami）

原料（2人份）

鸡腿肉……1块

A
- 蒜泥、姜末……各1/4小勺
- 酒、盐、胡椒粉……少许

土豆淀粉、色拉油……适量

B
- 番茄酱……2大勺
- 酒、砂糖、酱油……各1大勺
- 豆瓣酱……1/2小勺
- 水……3大勺

生菜……适量

可以用软管装的，挤一下即可。

做法

1. 把鸡肉切成小块，用A腌一下，裹上土豆淀粉。
2. 在平底锅中倒入足量色拉油，加热，放入鸡肉煎熟。
3. 把B倒入另一口平底锅中加热，煮沸后倒入鸡块中拌匀。
4. 在餐盘中铺几片生菜，盛入鸡肉。

可以另取一口平底锅，或者把煎鸡肉的平底锅洗干净后再用。

很快就会煮沸，请提早关火。如果觉得味道过浓，可以再加些热水。

\综合来说/

8位

日式肉饼佐蘑菇酱汁

比起法式酱汁（demi-glace），我更喜欢用日式酱汁搭配肉饼。
我没有预先炒洋葱，
不喜欢洋葱味道的朋友也可以炒一下再加入肉饼中。
白萝卜泥有些辛辣，可以用微波炉加热30秒，去除辣味。

原料（2人份）

- 洋葱……1/4个
- 面包糠、牛奶……各3大勺
- 蟹味菇……1/2包
- 金针菇……1/2袋
- 紫苏叶……4片
- A
  - 猪肉牛肉混合绞肉……250克
  - 盐……少许
- 鸡蛋……1个
- 色拉油、白萝卜泥……适量
- B
  - 酒、酱油、味醂……各2大勺
  - 砂糖……2小勺

做法

1. 洋葱切末，面包糠用牛奶浸泡一下。
2. 蟹味菇和金针菇去根，紫苏叶切丝。
3. 把A搅拌均匀，打入鸡蛋，加入①拌匀，分成两等份，整形成肉饼。
4. 在平底锅中倒入1/2大勺色拉油加热。将肉饼中央压扁一些，放入锅中，煎至焦黄后翻面，倒入适量水，没过肉饼1/2即可。半掩锅盖，小火煮至收汁后装盘。
5. 将平底锅擦拭一下，倒入1小勺色拉油加热，放入蟹味菇和金针菇翻炒。倒入B，煮沸后淋在肉饼上。搭配白萝卜泥和紫苏叶享用。

肉饼比较软，形状不太漂亮也没关系。放入平底锅中用锅铲整理整理即可。

如果水量不见减少，可以打开锅盖大火收汁。

相当GOOD！老公也说好吃！（yoko）

准备了不少白萝卜泥，本来想着剩下的也可以留着早上吃，结果晚饭时就吃光了。很对我的胃口。（harney）

\大体上是/

9位

黄油煮白萝卜鸡肉

除了日式高汤味精和盐，还加了砂糖和味醂调味。
不过老实说，最后不加黄油也是可以的。

先把白萝卜煮熟也可以，不，应该说先煮一下更好，不过我没有这么做。为什么呢？因为嫌麻烦啊！

原料（2人份）

- 白萝卜……1/3根
- 鸡腿肉……150克
- 色拉油……1小勺
- A
  - 酒……2大勺
  - 砂糖……1/2大勺
- B
  - 日式高汤味精……2小勺
  - 盐……1/4小勺
- 味醂、黄油或者人造黄油……各1小勺
- 黑胡椒碎、干欧芹（根据口味添加）……各适量

做法

1. 白萝卜去皮，切滚刀块。鸡肉切成小块。
2. 在锅中倒入色拉油加热，放入鸡肉煎至两面金黄。
3. 放入白萝卜稍微煎一下，倒入没过白萝卜的水，加入A调味。盖上锅盖，煮沸后加入B再煮15～20分钟。最后加1小勺味醂，煮沸后马上关火，放入黄油。
4. 盛盘，撒少许黑胡椒碎和干欧芹。

也可以用1个高汤块。

太好吃了！真不愧是山本小姐！大家都说以后还要吃。（momokichi）

我们一家人都很喜欢这道菜。简单又好吃，用微波炉就能轻松做好，真是太棒了！
（香凛）

今晚做了这道菜。酱汁有点甜，可以逐量加些盐。实在太好吃了，以后还会再做。
（tefutefu）

\大约是/

10位

蒸鸡肉配辣味酱汁

用微波炉将鸡肉蒸熟，再淋上酱汁即可。
这只是一道普通的菜式，但搭配了醋的辣味酱汁让人非常有食欲。
用微波炉加热后，余热会让鸡肉熟透，
如果没有熟透可以放回微波炉再加热 30 秒。总是会熟的嘛。

原料（2人份）

鸡腿肉……1 块
盐、胡椒粉……少许
豆芽……1/2 袋
酒……1 大勺
A 砂糖、酱油、醋……各 2 大勺
A 芝麻油……少许
A 辣椒（切圈）……1 根
炒白芝麻……适量
香葱……适量

把香葱切成葱花和肉一起吃，感觉更好吃。

做法

1. 将鸡腿肉较厚的部分片开，使整块肉厚薄均匀。用刀把筋切断，再用叉子在整块肉上扎一些小孔，抹上盐和胡椒粉。
2. 将豆芽和少许水放入耐热容器中，松松地盖上保鲜膜，放入微波炉加热 2 分钟。晾凉后沥干，装盘。
3. 把①放入耐热容器中，淋一些酒，松松地盖上保鲜膜，放入微波炉加热 3 ~ 4 分钟。放凉后切成小块。
4. 把③码放在②上，淋上混合均匀的 A。最后撒上芝麻，加少许香葱。

如果觉得鸡肉有腥味，用微波炉加热时可以加些姜片和香葱。

\临时决定的/

11位

溏心蛋凯撒沙拉

用家常食材就能做出凯撒沙拉酱。
培根和面包丁口感酥香，乳酪和蒜泥增添了风味，
加入溏心蛋快速拌一下，美味非常。
只是嘴里的樱桃番茄皮有点减分。（真可惜啊！）

原料（2人份）

- 绿叶生菜……2片
- 紫叶生菜……3片
- 黄瓜……1/2根
- 樱桃番茄……3个
- 培根……1片
- 溏心蛋……1个
- A
  - 蛋黄酱……2大勺
  - 牛奶……1大勺
  - 乳酪粉……1/2大勺
  - 蒜泥、盐、胡椒粉……少许
  - 砂糖……1小撮
  - 柠檬汁或醋……1小勺
- 自制香脆面包丁（第72页）、乳酪粉……适量
- 黑胡椒碎（根据口味添加）……适量

做法

1. 把生菜撕成小片。将黄瓜皮削成条纹状，切成圆片。樱桃番茄去蒂，切成4瓣。
2. 培根切条。加热平底锅，不用倒油，放入培根炒至焦脆后盛出备用。
3. 将①和②盛盘，打入溏心蛋。淋上混合均匀的A，再放些面包丁，根据口味撒适量乳酪粉和黑胡椒碎。

全家人都赞不绝口，我也很开心。大家都说很好吃。（笑） （Tomo ♪）

没想到在家就能做出凯撒沙拉酱！我打算教一教喜欢乳酪的朋友怎么做。 （maruru）

\据推测/

12位

蘑菇紫苏溏心蛋酿豆腐

只需把炒好的蘑菇放在豆腐上即可。
紫苏叶为这道菜增添了独特的风味。
做法很简单，甚至可以用一只手做，另外一只手洗碗。
（炉灶和洗碗机挨着吗？）

随意抓一小把即可。

3块促销装。

原料（2人份）

- 蟹味菇……⅓包
- 金针菇……1/2袋
- 色拉油……1/2大勺
- A
  - 酱油、味醂、水……各1大勺
- 绢豆腐……1小块
- 溏心蛋……1个
- 紫苏叶……2片
- 炒黑、白芝麻……各适量

做法

1. 蟹味菇和金针菇去根。在平底锅中倒入色拉油，加热后放入蘑菇翻炒，加入A煮到调味汁略变稠。
2. 把豆腐放入餐盘中，淋上①。打入溏心蛋，撒上撕碎的紫苏叶和芝麻。

调了味的蟹味菇炒熟后放凉，搭配冷豆腐超级美味！（mingming）

\最后确定的/

13位 番茄炖鸡

不喜欢煮番茄的酸味、觉得味道单调，于是加了很多酱油、味醂……最后变成了这道下饭的料理。好像应该叫 chicken katyatora，但我觉有点不好意思，就作罢了。

我觉得这是目前为止我做过的最好吃的菜。太棒了，有些怀疑是否真的是自己做的！老公惊讶地说："没想到在家里也能做出这样的美味！"（haru*iro）

晚饭时做了这道菜，试尝了一下觉得太好吃了，拿着汤勺尝着尝着全吃光了。（hitomii）

原 料（2人份）

- 鸡腿肉……1块
- 盐、胡椒粉、色拉油……适量
- 洋葱（小个儿的）……1个
- 大蒜……1瓣
- A
  - 整番茄罐头……1罐
  - 高汤块……1块
  - 砂糖……1大勺
  - 味醂……1/2大勺
  - 水……1杯
- B
  - 酱油、英国辣酱油[①]……各1小勺
- 乳酪粉、干欧芹（根据口味添加）……适量

可以用2小勺日式高汤味精代替。

做 法

1. 将鸡肉切成小块，撒上盐和胡椒粉。把洋葱和大蒜切成薄片。
2. 在平底锅中倒入1小勺色拉油，放入蒜片，加热。放入鸡肉，煎至两面金黄后盛出。
3. 锅中倒入1小勺色拉油，放入洋葱翻炒，撒1小撮盐。炒上色后加入A，将番茄铲碎。倒入②后加盖，用小火炖至少30分钟。
4. 加入B，尝一下味道，用盐和胡椒粉调味。盛盘，根据口味撒一些乳酪粉和干欧芹。

鸡肉没有熟透也没问题，因为还要煮。

差不多要花1小时。自己感动得眼泪都要流出来了。这是一道容易且值得花时间做的菜。

\无意中诞生的/

14位 黄瓜拌鸡胸肉

不是什么了不起的料理，之前还犹豫要不要分享在博客中，没想到大受欢迎。

原 料（1人份）

- A
  - 鸡胸肉……1块
  - 酒……1大勺
  - 水……1杯
- 黄瓜……1根
- B
  - 芝麻油……1大勺
  - 蒜泥、盐、日式高汤味精……少许
- 炒白芝麻……适量

做 法

1. 把A倒入锅中小火煮沸，1分钟后关火。将鸡胸肉浸泡在汤中放凉，然后撕成小条。
2. 黄瓜用擀面棒敲裂、切块，加入混合均匀的B和①拌匀。
3. 盛盘，撒上芝麻。

这种煮法可以让鸡胸肉保持柔嫩多汁。

软嫩的鸡胸肉和入味的黄瓜都很好吃。做法简单，以后还会继续做。（sunu）

调味汁真不错。好吃！（e-mi）

① Worcester sauce，也称伍斯特沙司，一种英国调味料，味道酸甜微辣，主要用于肉类和鱼类的调味。

\公布出来的/

15位 土豆炖肉（肉末版）

总结了一下做出美味土豆炖肉的窍门。
① 土豆要炒一下再盖上锅盖炖煮。
②开始炖的时候只加砂糖。 ③之后加入味醂上色。
④静置放凉入味。
也许有不对的地方，不好意思。

原 料（2人份）

- 土豆……3～4个
- 胡萝卜（小个儿的）……1根
- 洋葱（小个儿的）……1个
- 色拉油、味醂……各1大勺
- 高汤……2杯
- 猪肉牛肉混合绞肉或者猪绞肉……150克
- A
  - 酒……3大勺
  - 砂糖、味醂……各2大勺
- 酱油……4大勺

把绞肉换成肉片也可以。

做 法

1 土豆去皮，切成大块，用水泡一下。
2 胡萝卜去皮，切块。洋葱切条。
3 将色拉油倒入锅中加热，放入土豆翻炒，土豆块边缘变得有些透明后倒入胡萝卜和洋葱继续炒。加入高汤和绞肉，倒入A后盖上锅盖，用中小火炖煮。
4 撇去浮沫，土豆煮到六成熟时加入酱油，煮软后加入味醂，大火煮1分钟后关火，静置放凉。
5 把④稍微加热一下，盛盘。

倒入味醂后转大火，一边轻轻翻拌一边煮，就会很有光泽了。

明白吗？就是用竹签可以扎透但还有点硬的感觉。

经常在家做土豆炖肉，但味道都不太对……按照这个食谱做了一些，非常对味，竟然全吃完了！ (Riima)

认真做就能吃到正宗的土豆炖肉。1岁半的女儿吃了很多胡萝卜，以后还会再做的！ (air)

\商量出来的/

16位 盐烤鲭鱼配香葱橙醋汁

我非常喜欢吃盐烤鲭鱼。简单烤一下就很好吃，
不过吃了太多脂肪，有时候也会觉得有点愧疚。

原 料（1人份）

- 鲭鱼……1块
- 盐……少许
- A
  - 葱（切成葱花）……5厘米长的1段
  - 橙醋[①]……2大勺
  - 砂糖……1/2小勺
- 白萝卜泥……适量
- 香葱（切成葱花）……适量

做 法

1 鱼块上抹少许盐，静置10分钟，擦干表面水分，用烤鱼架烤至两面金黄。
2 把A倒入耐热容器中，盖上保鲜膜放入微波炉加热1分钟。
3 烤好的鱼盛盘，加入白萝卜泥，淋上②，再撒些香葱。

也可以用平底锅煎。

稍微下点功夫，家常的盐烤鲭鱼就变得如此美味。成功了！！ (syo)

真的很简单，太感谢了！喜欢上了橙醋。 (tomi)

①可以自行制作，将柠檬汁与浓口酱油按照0.75：1的比例混合，静置一个月即可。

\碰巧的/

17位 炸三文鱼配塔塔酱

一道普通的炸三文鱼。面衣没有用蛋液，感觉稍微轻松了一些。稍微加点番茄酱会很好吃。我加得太多了，其实连 1/2 也用不了。

酥脆美味！！！连不擅长做鱼的我也做了好几次。省略了裹蛋液的步骤，做起来很简单。用面包夹好做成炸三文鱼汉堡也很好吃！！！（很随意的想法）
（WaKaNa）

原料（2人份）

- 三文鱼……2块
- 盐、胡椒粉……少许
- A［小麦粉、水‥各4大勺
- 面包糠、色拉油……适量
- B
  - 水煮蛋（切碎）……1个
  - 蛋黄酱……3大勺
  - 醋……1/2～1大勺
  - 砂糖……1小勺
  - 盐……少许
- 生菜……适量
- 番茄酱、黑胡椒碎（根据口味添加）……适量

做法

1. 三文鱼依次裹上盐、胡椒粉、混合均匀的A和面包糠。
2. 在平底锅中倒入足量色拉油加热，放入鱼块，小火炸至两面金黄。
3. 在盘子中铺上生菜，盛入鱼块，淋上混合均匀的B。根据口味加点番茄酱和黑胡椒碎。

大的鱼骨请提前去除，不喜欢鱼皮的话可以去掉。

家里有西式腌菜或野韭菜的话，可以加入B中。

\早有预谋的/

18位 韭菜豆芽炒肉片

一定要试试这道很下饭的快手炒菜。关键是要把肉片腌好、裹上土豆淀粉。一定要再做！（※repeat……）

虽然是2人份，不过因为太好吃了，被我一个人吃光了。然后发现自己做了食谱中双倍的量，难道我吃了4人份的菜？（笑）　（remibang）

男朋友夸我越来越会做菜了，好开心！　（kii）

选用五花肉或者里脊肉比较好吃。

原料（2人份）

- 韭菜……一小把
- 猪肉片……150克
- A［盐、酒……少许
- 玉米淀粉、色拉油……适量
- 豆芽……1/2袋
- B
  - 酒、酱油、味醂……各1大勺
  - 英国辣酱油……1/2大勺
  - 鸡精……1小勺
- 芝麻油、黑胡椒碎（根据喜好添加）……少许

做法

1. 韭菜切成小段。肉片中加入A，撒上玉米淀粉。
2. 在平底锅中倒入1/2大勺色拉油，加热后放入肉片，翻炒变色后盛出。
3. 在锅中倒入1小勺色拉油，放入豆芽和韭菜，炒软后倒入肉片，加入B炒匀。
4. 盛盘，根据喜好加一些芝麻油和黑胡椒碎。

稍后还要回锅，如果嫌麻烦的话，不盛出来也可以。

\快速决定的/

19位 辣味豆腐豆芽煮肉片

只需要煮一下，是我家常吃的料理。
味道类似麻婆豆腐，
还可以加些白菜、鸡肉、卷心菜什么的。
不行，那样会溢出来的！

原 料（2人份）

- 木棉豆腐……………………1 块
- 猪肉片……………………150 克
- 金针菇……………………1/2 袋
- A
  - 酒……………………2 大勺
  - 砂糖、味噌……………各 1 大勺
  - 番茄酱、酱油…………各 1/2 大勺
  - 豆瓣酱……1～2 小勺
  - 鸡精……………………1 小勺
  - 蒜泥、姜末……………各 1/4 小勺
  - 水……………………1 杯
- 豆芽……………………1/2 袋
- B
  - 玉米淀粉………1 大勺
  - 水……………………2 大勺
- 香葱（切成葱花）………适量

要用适合炖煮的木棉豆腐哦。

做 法

1. 将豆腐和肉片切成方便食用的小片。金针菇去根。
2. 把 A 倒入锅中煮开，放入①和豆芽煮熟，然后倒入混合均匀的 B 勾芡。
3. 盛盘，撒一些葱花。

可以调整 B 的用量。如果嫌麻烦，不勾芡也没问题。

做的时候没加豆瓣酱和姜末，味道清淡些，1 岁零 4 个月的儿子也可以一起吃。（osora）

以前都是用泡菜调料做这类菜，这次用了豆瓣酱 + 味噌，非常好吃。（mami）

\刚刚决定的/

20位 酥脆乳酪莲藕

家里有用剩的莲藕，偶然试做了一下，没想到竟然很成功。
把莲藕切成片，放些乳酪烤一下就好了。
酥香的乳酪配上松脆的莲藕，
就像柔软的微喇牛仔裤穿在充满活力的老奶奶身上。
（不知为什么会有这种感觉）

女儿很喜欢，咔哧咔哧地吃掉了。（hoko）

做好后就当作了今天便当里的一道菜。即使凉了也很酥脆。（rei）

原 料（20片）

- 莲藕…………1 段（长 6 厘米）
- 乳酪片……………………5 片
- 盐……………………少许
- 干欧芹……………………适量

做 法

1. 把莲藕切成 3 毫米厚的片。
2. 每片乳酪切成 4 小块。
3. 在平底锅中铺一张锡纸，把①排列整齐后开火，煎至金黄色后铺上乳酪并翻面。乳酪变脆后撒少许盐和干欧芹（不加也没关系）。

莲藕不用去皮，也不用泡水。

为了防粘铺了锡纸，如果是不粘锅就不需要了。

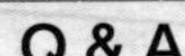

Q & A

山本优莉小姐（勉勉强强）的16个问答！

也许有些读者会想："我对你个人的事可不感兴趣。"
不过，因为是博客书，所以还是加了一点生活内容，不妨放轻松看一下吧。

Q.1 如何度过一天？

其实每天都不一样……大体上就是早上起来开始工作，送老公出门后女儿就起床了。上午做完家务后去公园，下午去购物或者是从公园回来的路上顺便买点东西。工作则是在睡觉前见缝插针，有时会在21点就睡着了，第二天早晨再工作，或者睡过头被女儿弄醒后继续工作。

● 某一天

6 7 8 9 10 11 12 13 14 15 16 17 18 19 20 21 22 23 24 1 2 3 4 5 6(时)

和女儿在公园玩
午餐
陪女儿玩
做晚餐
女儿吃晚餐
晚餐
哄女儿入睡
写博客和书
睡觉

起床，写书
送老公出门
女儿起床，吃早餐
做家务，陪女儿玩
女儿午睡，更新博客
买东西
老公回家，让老公和女儿洗澡
起床洗澡

Q.2 出了书、上过电视之后，有什么正面影响吗？还是，有不好的影响？

有很多正面影响。听到大家称赞"有这本书真好"时，觉得自己也会对别人有用，很开心。

不好的影响就是变得没有用空闲时间了，和家人在一起的时间也减少了。不过，无论做什么工作都一样，要好好珍惜时间。啊，还有就是对于上电视感到非常惭愧、很不好意思。有1个月左右，如果不半眯着眼睛半捂着耳朵就不敢看。

当然，出了书并不会马上成为烹饪高手，也不会变得多么了不起，但每天都在努力的我会更加努力（只是没有对大家说而已），我觉得这些都很难忘。

Q.3 在这本书中，哪些部分最花精力？

就是"笑一笑"专题。这些内容并非拼命努力就能写出来的，即使收到编辑的通知——本周末就是最后期限，已经没有多余时间了——可是如果不能放松的话，也还是写不出来。比起拼命思考，不如先搁置一下，反而会找到灵感。我总觉得人类的大脑就是那样运作的，不过这样做就需要些勇气了！

Q.4 出书之后有什么印象深刻的事情吗？

收到了人生中第一封寄到宝岛社的手写信，那是一位60多岁的女士寄给我的，以前从未有过。我很感动。

Q.5 个人美食博客中的菜是什么时候拍的？

博客中的菜和平时吃的东西完全不一样，每个月有3次会在家里拍摄博客专用的菜式图片，每次都是新菜式。还有，平时上桌的菜都不做装饰（也没有筷子架和桌布）。为了拍照有些菜必须在光线好的时候放在窗边拍摄。如果要公开平时三餐的照片，我会非常惭愧的。

Q.6 想请教一下整理冰箱的方法。

我还想向大家请教呢！大袋的松饼和海苔都很占地方。还有，打包寿司时附带的分装酱油和芥末已经攒了好多。一定要赶紧用掉。

Q.7 如何采购食材呢？

每次都适量购买，一次用完。像很能干的家庭主妇那样，把一个星期要用的东西归纳出来然后去采购，我实在做不到。有时想好了“要做这个”，可是突然老公要在外面喝酒，突然我想做些别的菜，突然觉得炸食便宜又好吃，或者突然想做些复杂的……这时就可以马上调整。（九成都是自己的原因。）

Q.8 买完东西回家之后呢？

肉类用保鲜膜包好放入冰箱冷冻。肉类哦，只有肉类这样处理。

Q.9 忙的时候做什么菜呢？

忙碌时会这样：

❶“老公，不好意思，今天很忙，你回来时买些吃的东西吧！”……哔（信息发送完毕）。

❷买回来的是小菜和啤酒。（我连饭也没煮。）

❸简单做些乌冬面、速食拉面等面类，或者亲子饭、猪排饭等盖饭。另外，我也经常做本书中的辣味豆腐豆芽煮肉片（第17页）、猪肉豆芽味噌炒杂蔬（第69页）、菜包肉（第38页）和柚子胡椒黄油煮鲑鱼（第40页）。还有就是把肉末（第44页）用微波炉加热后连煎蛋和生菜一起放在米饭上……这种时候就明白常备菜的方便之处了。只要把水煮鸡肉解冻、加入橙醋和芝麻，就会变成很气派的主菜。在下面铺几片青菜，淋上酱汁，加一块冷豆腐就感觉很丰盛了。（※我家就是这样的。）

Q.10 最近喜欢吃什么菜？

“笑一笑”专题中的煎山药饼（第34页）。

Q.11 摆盘的诀窍是什么？

首先把菜堆起来，然后画圈撒上葱花、芝麻、黑胡椒碎和干欧芹。以前工作的时候，上司笑着对我说：“看了一下你的博客，菜里放了好多葱啊！”从那以后，我就稍微控制了一下。

Q.12 你的女儿喜欢吃什么呢？

纳豆饭、煎蛋、番茄、炸薯条、咖喱饭（儿童口味）、用竹签串起来的盐水煮蔬菜（好可怜）。只要看到纳豆和鸡蛋就会很高兴。

Q.13 平时午饭吃什么呢？

一星期吃4次纳豆鸡蛋盖饭。

Q.14 有推荐的调味料吗？

英国辣酱油和芥末籽酱。稍微放一点就会有类似餐厅料理的味道了。另外，还有干欧芹，虽然百元店就有干欧芹，不过还是想推荐一下自制的颜色新鲜的干欧芹（第72页）。就是这些了。自制干欧芹，3分钟就能做好，做一次能用好长时间。

Q.15 怎么做到坚持写博客的？

因为有人要看啊！其实我本来并不喜欢博客或者网络（那为什么一开始要公开自己的日记呢），本来打算出书之后就关闭博客，在此之前要坚持每天写。可是，每天都有人留言，还有很多人鼓励我，让我很感动。出书是承蒙读者的喜爱，达成目标就关闭博客会让大家觉得我变得傲慢了，或者让大家感到遗憾：“啊，是不是再也看不到不用花钱的食谱了？”我不是在为全人类写书（不能那样自我膨胀，谁也不会高兴的），而是因为有人喜欢。这样想着，便一直坚持至今。也许也是因为自我表现欲太强了吧……

Q.16 如果没有明天了，今天想吃什么呢？

煎蛋盖饭。

笑一笑
column
1

电影食谱

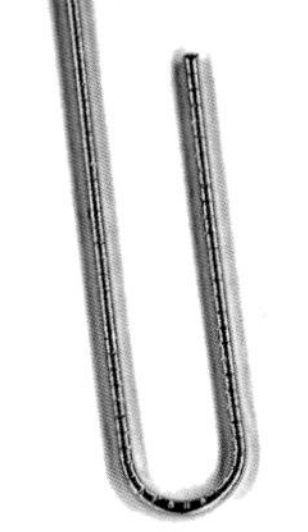

照烧鸡胸肉佐蛋黄酱

原 料 (1人份)

鸡胸肉……2 块
盐、胡椒粉……少许
小麦粉、蛋黄酱……适量
色拉油……2 小勺
鸡蛋（打散）……1 个
A 酱油……1 大勺
味醂……略少于 1 大勺
砂糖……1 小勺
B 玉米淀粉……1/4 小勺
水……1 大勺
生菜……适量

做 法 “咚……咚……”可以清楚地听到自己的心跳。

1 用刀背把鸡胸肉拍松，抹上盐和胡椒粉，再裹上小麦粉。

只要那样就行了吗？没有我做不来的事情。

只要有钱什么都可以解决。没有一个人敢违抗我。

如果把世界上的人划分成胜利者和失败者两类的话，毫无疑问，我就是胜利者。

为什么会露出这样的眼光？

好像连鸡胸肉上的肉丝也在嘲笑我？

2 在平底锅中倒入色拉油加热，把鸡胸肉放入蛋液中蘸一下，然后放入锅中。

转小火，注意不要煎焦了，翻面煎熟后盛出。

接下来是谁呢？

3 把 A 倒入平底锅中加热，煮沸后用混合均匀的 B 勾芡，再放入鸡胸肉。

在盘子中铺上生菜，将鸡胸肉连酱汁一起盛盘。做好了！什么问题都没有。

……这就做好了？

哔————————————————!!!!!

响亮的电子音响起。

……赢了！……赢了！

我赢了比赛！可以出线了！！

哈哈哈！笨蛋。以我的能力明天连这些工具都不需要！！

“第 978 号，不及格。忘记挤蛋黄酱了。”

……欸？

啊————————————————!!!

————“SASAMI”4 月 1 日 全日本预演————

Q. 这是什么场景设定？

A. 如果可以做出好吃的鸡胸肉，就会被生存设施保护起来。

梦想中的

家庭式
咖啡馆简餐

我曾经在博客中提问：

炖肉配饭合适吗？
有了炖肉还需要别的菜吗？

结果收到了 170 多条留言。

炖肉或者猪肉味噌汤和咖喱一样，感觉只要有这么一道菜就足够了！
对于这样想的人而言，（我就是这一派的。）
无论在炖菜里放什么食材，也还是会被当作“汤”。

关于菜式的搭配，每个家庭都有自己的方式。

盛盘方式也一样，
有的人会用大盘子一下盛一大堆食物，
我觉得那样也可以。

不过在这本书中，一切就像咖啡馆简餐那样，
摆盘都很可爱。
副菜是副菜，主菜是主菜，大家也可以各取所好。

关于摆盘，我会这样做：
煎鱼或炸猪排之类一份一份的可以分开装盘，
而麻婆豆腐或炒蔬菜这样一大堆的菜则可以用大盘子盛装。（一大堆？）

鸡肉

香辣鸡肉炒茄子定食

茄子搭配猪肉或者绞肉的菜式比较多，这次我试着用它来搭配鸡肉。鸡肉和茄子一起炒，油容易飞溅出来，穿了白衣服的话要小心哦。

上小学六年级的儿子原本不太喜欢吃茄子，做了这道菜，他却总挑茄子吃。Amazing！谢谢山本小姐。(takopee)

盛盘

将香辣鸡肉炒茄子盛入餐盘中，剩下的酱汁倒在米饭上。之后加上生菜、樱桃番茄，以及胡萝卜拌毛豆。

香辣鸡肉炒茄子

原 料（2人份）

- 小茄子……2根
- 盐、土豆淀粉、炒白芝麻……适量
- 鸡腿肉……1块
- A
  - 盐、胡椒粉……少许
  - 酒……1大勺
  - 姜末、蒜泥（根据喜好添加）……各1/4小勺
- 色拉油……2小勺
- B
  - 酱油……2大勺
  - 砂糖、味醂、水……各1大勺
  - 豆瓣酱……1/2小勺

用量可根据口味调整。孩子吃的话可以少放一些。

做 法

1. 茄子切滚刀块，放入盐水中浸泡一下，然后捞出擦干。
2. 把鸡肉切成小块，加入A抓匀后裹上土豆淀粉。将色拉油倒入平底锅中加热，把鸡肉带皮的一面朝下放入锅中，煎至金黄色后翻面，小火煎熟。
3. 放入茄子一起翻炒。加入B炒匀，撒一些芝麻。

用舌头舔一下，觉得有咸味就可以了。这样做可以减少茄子的吸油量。

感觉米饭不够吃。

胡萝卜拌毛豆

原 料（2人份）

- 绢豆腐……1/2块
- 冷冻毛豆……5根
- 胡萝卜……⅓根
- A
  - 蘸面汁①（2倍浓缩）、白芝麻碎、蛋黄酱……各1½大勺

做 法

1. 把豆腐沥干、捣碎。毛豆解冻后剥出豆粒。
2. 胡萝卜去皮后切丝，放入耐热容器中，加少许水，松松地盖上保鲜膜，用微波炉加热2分钟，和①一起用A拌匀。

将豆腐轻轻捣碎。没有臼的话用叉子也可以，豆腐的颗粒感会明显一些。

①用出汁、酱油、味醂、砂糖等调制的调味汁，多用来搭配荞麦面。可以将出汁、味醂、浓口酱油按5：1：1的比例配制。

炸鸡胸肉定食

啊！鸡胸肉搭配乳酪、紫苏和鳕鱼子的全新组合！←经典搭配。总觉得用蛋液做面衣太奢侈了，所以只用了小麦粉。酱汁淋得有点丑。

太好吃了。卷紫苏叶和鳕鱼子时也许可以用味噌代替黄油。配各种酒都很合适。有了这道菜绝对可以俘获男朋友的心。（sijimi）

盛盘

在餐盘中放上卷心菜丝和生菜、炸鸡胸肉、土豆沙拉、黄瓜和樱桃番茄，淋上炸猪排酱汁。搭配白萝卜饭和萝卜味噌汤。

炸鸡胸肉

原 料（2人份）

- 鸡胸肉……4块
- 盐、胡椒粉、黄油……少许
- 乳酪片……1片
- 鳕鱼子……1/2块
- 紫苏叶……8片
- A［小麦粉、水……各4大勺
- 面包糠、煎炸油……适量

做 法

1. 鸡胸肉从厚的部分片开，注意保持厚薄均匀。用刀背轻轻敲打至延展开，抹适量盐和胡椒粉。把乳酪片切成丝，鳕鱼子去除表面薄膜。
2. 把鸡胸肉铺平，每片上加2片紫苏叶。其中两片鸡胸肉每片上放1/2的乳酪丝，另外两片加上鳕鱼子和黄油，分别卷成卷。将卷好的肉卷依次粘裹上混合均匀的A和面包糠。
3. 在平底锅中倒入1～2厘米深的煎炸油，加热到170℃后放入鸡肉卷，炸熟后对半切开。

不要左右对半切，要从中间片开。经过敲打，肉片会自然延展开。

把馅料包在里面，可以防止流到油中飞溅出来。

一边炸一边翻转。炸好后要晾一下再切，直接切开的话乳酪会流出来。

土豆沙拉

原 料（2人份）

- 土豆……2个
- A［醋、砂糖……各1大勺
- 胡萝卜……⅓根
- 黄瓜……1/2根
- 洋葱……⅛个
- 盐……1/4小勺
- 蛋黄酱……2～3大勺
- 玉米粒……少许

做 法

1. 把土豆洗干净，不用擦干，包上保鲜膜放入微波炉加热5～6分钟。去皮后压碎，趁热加入A拌匀。
2. 胡萝卜去皮后切成半月形，煮熟。黄瓜和洋葱切成薄片，加适量盐腌一下，变软后挤去水分。
3. 将①和②拌匀，家里有玉米粒的话加一点。

再加点火腿丁。加火腿，加火腿，就要加火腿。

白萝卜饭

原 料（2人份）

- 白萝卜……1段（长3厘米）
- 盐……1/4小勺
- 芝麻油……1/2大勺
- A［盐、日式高汤味精……少许
- 米饭……2碗
- 炒白芝麻……适量

做 法

1. 白萝卜去皮、切成细条。撒上盐静置10分钟后挤去水分。
2. 平底锅中倒入芝麻油加热，放入白萝卜翻炒，加入A调味。
3. 把米饭、②和芝麻拌在一起。

萝卜味噌汤

原 料（2人份）

- 胡萝卜、白萝卜…各1段（长4厘米）
- A［日式高汤味精……1小勺
- A［水……3杯
- 味噌……2大勺
- 酱油……少许

做 法

1. 胡萝卜和白萝卜分别去皮、切丝。
2. 把A和①倒入锅中开火，煮熟后关火。溶化味噌，加少许酱油调味。

我用的是做白萝卜饭剩的白萝卜，而且，还没削皮。

软嫩的猪排上裹着微甜的酱汁，拌着溏心蛋吃，真是无上美味。太好吃了！蛋黄酱族的我实在是忍受不了了！ (tarzan)

盛盘
在餐盘中码放上猪排沙拉，搭配豆芽汤和撒了黑芝麻的米饭。

Q. 米饭和汤的位置放反了！
A. 请见谅。

猪排沙拉定食

把猪排放在沙拉上。
拌着酱汁、溏心蛋和蛋黄酱一起吃，好吃得顾不上说话。（真难为情啊！）

猪排沙拉

原 料（1人份）

- 猪里脊肉或猪排……1块
- 盐、胡椒粉……少许
- 色拉油……1小勺
- A
  - 酱油……1½大勺
  - 味醂……1大勺
  - 砂糖……1小勺
- B
  - 土豆淀粉……1/2小勺
  - 水……1大勺
- C
  - 生菜、紫叶生菜、黄瓜片……适量
- D
  - 醋……1大勺
  - 砂糖……1/2大勺
  - 盐……少许
- E
  - 溏心蛋……1个
  - 蛋黄酱、樱桃番茄……适量

做 法

1. 用刀在猪排上划出浅浅的格子，把筋切断，防止煎的时候猪排收缩。抹上盐和胡椒粉，静置10分钟。
2. 平底锅中倒入色拉油加热，放入猪排，煎至金黄色后翻面煎熟。用厨房纸轻轻吸去锅中的油脂，先后加入A和混合均匀的B勾芡。
3. 把C铺在盘子中，淋上混合均匀的D。猪排切块、盛盘，淋上锅中的酱汁，加入E。

从脂肪部分切入，隔1厘米切一个小口也是可以的，不过我觉得那样的话形状会有点可怕。

请酌情调整B的用量。

也可以用超市卖的法式沙拉酱代替D。

豆芽汤

原 料（1~2人份）

- A
  - 鸡精……2小勺
  - 水……2杯
- 豆芽……⅓袋
- 盐、胡椒粉……少许
- 芝麻油……1小勺
- 炒白芝麻、葱花……适量

多撒一些。

做 法

1. 把A倒入锅中，煮沸后加入豆芽继续煮2～3分钟。用盐和胡椒粉调味，滴一点芝麻油。
2. 把汤盛入碗中，撒上芝麻和葱花。

加了洋葱的山本猪肉味噌汤！蔬菜的甜味都煮出来了，真好喝。另外，芝麻拌菠菜和鸡蛋卷这两道菜都很清淡。 (takane)

盛盘
盛一碗猪肉味噌汤，搭配鸡蛋卷和芝麻拌菠菜，再来一碗米饭。

猪肉味噌汤套餐

主菜是猪肉味噌汤，不用炒，煮一下就好。
味噌要分两次加入，如果味道与一次加入没什么差别的话，我也没有其他办法，抱歉了。
非常喜欢猪肉味噌汤，快要和猪肉味噌汤结婚了。

猪肉味噌汤

原 料（3~4人份）

牛蒡、胡萝卜……………各 1/2 根
白萝卜………………………1/4 根
魔芋…………………………1/2 块
猪肉片………………………150 克
A［日式高汤味精…………1/2 大勺
  水…………………………5 杯
味噌……………………5 ~ 7 大勺
酒……………………………2 大勺
B［姜末、酱油、芝麻油……少许

原本还想放红薯的。

我喜欢加少许白味噌。没有的话就放一些味醂和洋葱煮出甜味，也很美味。

做 法

1. 把牛蒡削成薄片，泡在水中。胡萝卜去皮，切成半月形，白萝卜去皮，切成扇形。魔芋切成小条。
2. 猪肉切成细条。
3. 把①和 A 倒入锅中，开火煮沸后转小火煮 5 ~ 6 分钟，倒入一半味噌煮至溶化。
4. 倒入酒和肉片，边煮边撇去浮沫。蔬菜煮软后关火，倒入剩下的味噌，搅拌溶化，然后用 B 调味。

先加入一半味噌可以让汤更入味，不过香味都煮散了，最后再加入剩余的味噌可以增加香味。

鸡蛋卷

原 料（1~2人份）

鸡蛋…………………………2 个
A［日式高汤味精…………1/2 小勺
  盐…………………………1 小撮
  水…………………………3 大勺
色拉油………………………1 大勺

做 法

1. 将蛋液与 A 混合均匀。
2. 在小号平底锅中倒入色拉油，用厨房纸涂满锅底，加热后倒入 1/5 的①，然后从距自己较远的一端卷起。
3. 将卷好的蛋卷推至锅边，用同样方法在锅底涂上色拉油。倒入 1/5 的①，把②掀起，让蛋液流到下面，然后卷起。如此重复 3 ~ 4 次，出锅后切成方便食用的小块。

没有加酱油的鸡蛋卷，很有妈妈的味道。是便当中的必备料理。

芝麻拌菠菜

原 料（容易制作的用量）

菠菜…………………………1 小把
A［白芝麻碎………………3 大勺
  砂糖、酱油………………2 小勺
  味醂………………………1 小勺

做 法

1. 菠菜用热水煮 1 分钟，再放入冰水里泡一下，然后挤干。
2. 切成方便食用的小段，加入 A 拌匀。

加入炒过的白芝麻碎会更好吃。

绞肉

盛盘

把照烧夏威夷风味肉饼盛入餐盘中，搭配炒蔬菜、生菜、番茄和牛油果。

没想到我也能轻松做出美味的夏威夷风味肉饼。紧张兮兮地做好，摆盘的瞬间发现真的很有夏威夷风味。没想到有一天我也能做出这样的美味！（manaring）

夏威夷风味肉饼套餐

把肉饼和煎鸡蛋盛放在米饭上，淋上照烧酱汁。好想去夏威夷。想像坐在飞机上，空服员问："您要牛肉还是参鸡汤？"顺便说一下，搭配的蔬菜是没有调味的，请快乐地感受一下自然的味道吧。

照烧夏威夷风味肉饼

原 料（2人份）

- 洋葱……1/4个
- 色拉油、蛋黄酱、黑胡椒碎……适量
- 面包糠、牛奶……各3大勺
- A
  - 猪肉牛肉混合绞肉……200克
  - 盐……少许
- 鸡蛋……3个
- B
  - 酱油、味醂、水……各3大勺
  - 砂糖、番茄酱……各1小勺
- C
  - 土豆淀粉……1小勺
  - 水……1大勺
- 培根……2片
- 米饭……2碗

做 法

1. 把洋葱切碎，放在耐热容器中，倒入1小勺色拉油，用保鲜膜盖住，放入微波炉加热2～3分钟，取出放凉。面包糠用牛奶浸泡一下。
2. 将A搅拌均匀，打入一颗鸡蛋，加入①搅拌后分成两等份，整形成肉饼。
3. 在平底锅中倒入2小勺色拉油加热，把肉饼中间压扁一点放入锅中，煎好一面后翻面并调到小火，倒入适量水，没过肉饼的1/2即可，盖上锅盖煮到水分蒸发，然后盛出。
4. 锅中加入B开火，用搅拌均匀的C勾芡。
5. 另取一口平底锅，放入少许色拉油加热，把培根煎香。再将剩下的鸡蛋做成2个煎蛋。
6. 盘子中盛入米饭，放入③和⑤，淋上④。挤一些蛋黄酱，撒上黑胡椒碎。

炒洋葱比较麻烦，用微波炉更方便。

如果水分没有明显减少，最后可以打开锅盖开大火。

注意调整用量。

炒蔬菜

原 料（2人份）

- 灰花树菇、蟹味菇……各1/2包
- 绿芦笋……4根
- 色拉油……2小勺
- 南瓜片……2片
- 盐……适量

做 法

1. 灰花树菇和蟹味菇去根。芦笋根部去皮。
2. 在平底锅中倒入色拉油加热，将芦笋和南瓜煎至变色，然后翻面，小火煎熟，撒适量盐后拨到一边。锅中放入蘑菇炒熟，撒少许盐即可。

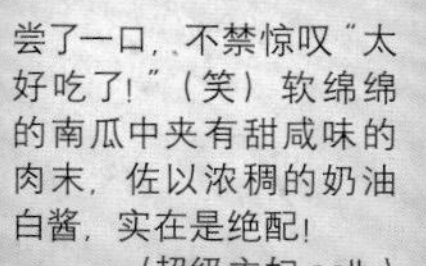

盛盘

餐盘上放着焗肉末南瓜、水菜莲藕沙拉、盐炒灰花树菇，搭配了小圆面包和番茄。

焗肉末南瓜套餐

甜南瓜、甜咸味的绞肉和奶油白酱是绝妙的搭配，
有点儿想召集一个村子的年轻人一起尝尝。←很完美的想象。
选用冷冻南瓜和市面上售卖的奶油白酱，做起来更轻松。

焗肉末南瓜

原 料（2人份）

南瓜……1/4 个
洋葱……1/8 个
猪肉牛肉混合绞肉……100 克
A
- 酱油……略多于 1 大勺
- 味醂……1 大勺
- 砂糖……1 小勺
- 姜末……少许
- 水……2 大勺

奶油白酱（参考第 58 页）……1 份
马苏里拉乳酪……适量

做 法

1. 南瓜去瓤去籽，切成薄片，放入耐热容器中。松松地盖上保鲜膜用微波炉加热 4～5 分钟。洋葱切碎。
2. 加热平底锅，不用倒油，放入绞肉和洋葱翻炒，变色后加入 A，炒至收汁。
3. 在烤盘中依次放入 1/3 的南瓜、1/3 的②和 1/3 的奶油白酱。按照这样的顺序层叠放入剩余食材，表面撒上乳酪，放入烤箱烤至金黄色即可。

如果南瓜太硬不好切，可以整块放入微波炉里加热 2 分钟，就比较容易切片了。

水菜莲藕沙拉

原 料（2人份）

莲藕……1 小段（长 2 厘米）
色拉油……适量
水菜……1 小把
A
- 荞面汁……1 大勺
- 色拉油或者橄榄油……1 小勺

炒白芝麻……1 大勺

做 法

1. 莲藕切成薄片。在平底锅中倒入足量色拉油，加热后用小火将藕片炸熟，沥干油。
2. 水菜切成小段，盛盘，加入混合均匀的 A 和芝麻，再放上藕片。

鱼

风味煎鳕鱼定食

煎鳕鱼用酱油调味，再淋上用蛋黄酱和芥末籽酱调成的酱汁，就成了一道日式和西式风味结合的料理。
做法简单，看起来却很精致，很值得一试。
沙拉酱中放了味噌。盛在马克杯里，奇怪吗？

盛盘

在餐盘中盛放上煎鳕鱼，淋上调味酱、撒些黑胡椒碎和干欧芹，再盛入煎莲藕和芦笋炒培根，搭配生菜味噌沙拉和面酥毛豆饭团。

生菜味噌沙拉

原 料（1人份）

生菜……4片
黄瓜……1段（长4厘米）
樱桃番茄……2个
A
- 醋……1大勺
- 橄榄油或者色拉油……1/2大勺
- 砂糖、味噌……各1/2小勺

炒白芝麻……适量

做 法

1 生菜撕成小片，黄瓜斜切成片。樱桃番茄去蒂，对半切开。
2 把A混合均匀，加入用手指捻碎的芝麻，淋在蔬菜上拌匀。

风味煎鳕鱼

用鸡肉代替鳕鱼也很好吃。

原 料（1人份）

鳕鱼……1块
盐、胡椒粉……少许
小麦粉……适量
色拉油……2小勺
酱油……1/2大勺
A
- 蛋黄酱、牛奶……各1大勺
- 砂糖、芥末籽酱……各1/2小勺

干欧芹、黑胡椒碎（根据口味添加）……少许

做 法

1 在鱼块上撒一些盐和胡椒粉，其中一面撒上小麦粉。
2 在平底锅中倒入色拉油加热，把鱼块撒了小麦粉的一面朝下放入平底锅，中火煎至金黄色后翻面，煎熟后盛盘，淋少许酱油。
3 淋上混合均匀的A，根据喜好撒适量干欧芹和黑胡椒碎。

鳕鱼肉容易裂开，翻面时动作要轻。

煎好后先倒入酱油，不过酱汁却是西式口味的！醇厚的甜味中融入了芥末籽酱的辛辣，让清淡的鳕鱼来了个大变身，太棒了。
（堀川育子）

芦笋炒培根

原 料（1人份）

绿芦笋……3根
培根……1片
色拉油……1小勺
盐、胡椒粉……少许

做 法

1 芦笋削去根部的皮，切成5厘米长的段。培根切成细条。
2 在平底锅中倒入色拉油加热，放入①翻炒，用盐和胡椒粉调味。

面酥毛豆饭团

原 料（1人份）

冷冻毛豆……5根
米饭……2小碗
A
- 面酥……3大勺
- 盐……1/4小勺

做 法

1 毛豆解冻后剥出豆粒，和A一起放入米饭中拌匀，捏成饭团。

面酥就是做油炸食物时剩的口感酥脆的面渣，和米饭拌在一起会变软，很好吃。

味噌黄油蘑菇煎豆腐

一小把即可。

大约 150 克。

原 料（1人份）

蟹味菇……⅓ 包
金针菇……1/2 袋
绢豆腐……1 小块
小麦粉……适量
色拉油……2 小勺
A 味噌……略少于 1 大勺
酒、味醂……各 1 大勺
蒜泥……1/4 小勺
水……1 大勺
黄油或人造黄油……少许

做 法

1. 蟹味菇和金针菇去根。
2. 豆腐用厨房纸包好，放入微波炉加热 3 分钟，粘裹上小麦粉。在平底锅中倒入色拉油加热，把豆腐两面煎至焦黄，盛盘。
3. 将①放入煎过豆腐的平底锅中，炒软后加入 A 炒匀，倒在②上，表面放一小块黄油。

本来应该 6 个面都煎一下的，不过豆腐看起来快要裂了，所以只煎了两面。心灵手巧的人可以把 6 个面都煎一下。

煎芦笋拌梅干

原 料（1人份）

绿芦笋……4 根
色拉油……1 小勺
梅干……1 颗
A 酱油、味醂……各 1/2 小勺
木鱼花……适量

做 法

1. 绿芦笋削去根部的外皮，切成 4 厘米长的小段。
2. 在平底锅中倒入色拉油加热，把①并排放入锅内，小火煎熟。
3. 梅干去核，切碎后与 A 混合，拌入②。

盛盘

在餐盘中盛放好味噌黄油蘑菇煎豆腐和米饭，撒些干欧芹。搭配煎芦笋拌梅干，还有切成薄片的煎南瓜和生菜。

如果打算晚上做，建议午饭后就开始给豆腐沥水。适合午饭吃太饱、希望晚饭清淡一点的日子！豆腐和蘑菇是最佳搭配！！浓厚的味噌酱汁让人很满足！ (I-ko)

豆腐

味噌黄油蘑菇煎豆腐定食

米饭泡在了味噌黄油煎豆腐的汤汁里，
没办法，盛在一个盘子里总会这样。
我虽然后悔，但并不打算反省（要用另外一种态度生活）。
蒜泥可以增加风味，最后加一点黄油，味道更浓厚。

蔬菜

盛盘

在餐盘中盛放好油菜培根饭团和豆芽炒鸡蛋，搭配韭菜汤和面酥紫苏拌豆腐。

油菜的清爽口感、芝麻的香味和培根的鲜美都融入了米饭中，实在是太好吃了！！咸味够了的话就不需要别的配菜了，只吃饭团也很美味，适合做成野餐便当。

(se)

油菜培根饭团套餐

将芝麻油炒过的油菜、培根与米饭拌在一起。
做法简单，却好吃得让人停不下筷子。
不过，因为加了芝麻油，饭团在吃的时候容易散，不太方便。
呵，呵呵，呵呵呵，呵。（愧羞过头了吧！）

韭菜汤

鸡精和日式高汤味精的美妙结合。

原 料（1~2人份）

韭菜……………………几根

A［鸡精……………………1 小勺
　 日式高汤味精…………1/2 小勺
　 水……………………2 杯

盐、胡椒粉……………………少许

炒白芝麻……………………适量

做 法

1 把韭菜切成 5 厘米长的段。
2 把 A 倒入锅中煮沸，放入①继续煮。用盐和胡椒粉调味。
3 盛盘，用手指将芝麻捻碎，撒入汤中。

面酥紫苏拌豆腐

原 料（1人份）

紫苏叶……………………1 片

绢豆腐……………………1/4 块

面酥……………………2 大勺

橙醋……………………适量

做 法

1 将紫苏叶切成丝。
2 把豆腐盛在碗里，放入①和面酥，淋上橙醋。

我很喜欢的一道朴实的配菜。

豆芽炒鸡蛋

原 料（1人份）

胡萝卜………1 小段（长 4 厘米）

色拉油……………………1 小勺

鸡蛋（打散）……………………1 个

豆芽……………………⅓ 袋

A［盐、胡椒粉、酱油……少许

做 法

1 胡萝卜去皮切丝，放入耐热容器中，加 1 小勺水，松松地盖上保鲜膜，用微波炉加热 1 分钟。
2 在平底锅中倒入色拉油加热，倒入蛋液，炒至半熟后盛出。锅中放入①和豆芽翻炒片刻，倒入鸡蛋，用 A 调味。

先把炒至半熟的鸡蛋盛出，这样吃的时候鸡蛋的口感才刚刚好。

油菜培根饭团

不是捆好的一捆，而是一小棵。

原 料（1人份）

油菜……………………1 棵

培根……………………1 片

芝麻油……………………1/2 大勺

盐……………………少许

米饭……………………2 碗

炒白芝麻……………………适量

做 法

1 把油菜和培根切碎。
2 在平底锅中倒入芝麻油加热，放入①炒熟，撒少许盐。
3 将米饭和②拌在一起，捏成饭团。

不捏成饭团也可以。（啊——！）

蘑菇肉片饭定食

只需要把炒过的食材放入大米中煮即可，米饭味道很足。
之后要做的就是把家里剩的蔬菜收拾出来，做成配菜。
白萝卜们正在冰箱冷藏室里瑟瑟发抖呢！

一向讨厌蘑菇的孩子竟然添了3次饭！猪肉和蘑菇的美味实在无法抵挡啊！不知不觉地一直在吃！（烟突）

盛盘

碗里盛了蘑菇肉片饭，搭配鸡蛋炒扁豆培根、牛油果生菜沙拉和白萝卜菠菜味噌汤。

蘑菇肉片饭

原 料（容易制作的用量）

大米……………………………………2合
猪五花肉片…………………………120克
蟹味菇…………………………………1包
灰花树菇……………………………1/2包
色拉油……………………………………1小勺
A［英国辣酱油、酒………各1大勺
　　砂糖…………………………1/2大勺
　　酱油……………………………1小勺
蘸面汁（2倍浓缩）……………3大勺

选用喜欢的蘑菇，合计100克左右即可。

如果用的是3倍浓缩的蘸面汁，只需要2大勺即可，煮饭的水则要盛出4大勺。

做 法

1 将大米放入电饭锅中，倒入适量水，再盛出5大勺。
2 肉片切成条，蟹味菇和灰花树菇去根。在平底锅中倒入色拉油加热，放入蘑菇和肉片翻炒，加入A炒匀。
3 把②连汤汁一起倒在①上，加入蘸面汁后按照正常程序煮饭。

鸡蛋炒扁豆培根

原 料（2人份）

培根……………………………………1片
冷冻扁豆……………………………20根
色拉油…………………………………1小勺
酒…………………………………………1大勺
鸡蛋……………………………………1个
A［盐、胡椒粉、酱油…………适量

做 法

1 培根切成细条。扁豆不需要解冻直接对半切开。在平底锅中倒入色拉油加热，放入扁豆和培根炒熟。
2 倒入酒，把蛋液倒入锅中，拌炒一下，用A调味。

解冻很麻烦的。

牛油果生菜沙拉

原 料（2人份）

牛油果…………………………………1/2个
生菜………………………………………4片
A［市售芝麻沙拉酱、橙醋（根据口味添加）…………………适量

做 法

1 牛油果去皮去核，切成薄片。生菜用手撕成小片。
2 盛盘，根据喜好用A调味。

白萝卜菠菜味噌汤

原 料（2人份）

白萝卜…………1小段（长3厘米）
菠菜………………………………………1棵
A［日式高汤味精…………1/2小勺
　　水……………………………………2½杯
味噌……………………………………2大勺

做 法

1 白萝卜去皮，切成条。菠菜切段。
2 把A和白萝卜倒入锅中，煮熟后加入菠菜。关火后加入味噌搅拌均匀。

recipe column 1

饺子皮

大家总说饺子皮经常会剩下，所以想到了这些做法，
可以把用剩的饺子皮做成很好吃的菜。
Q. 要是反过来馅儿剩下了怎么办？　A. 再买些饺子皮吧。

香肠土豆热狗

在电视节目中被嘉宾大赞好吃的一道菜。
看看塞了什么馅儿吧？（一眼就看出来了。）

原 料（8个）

小个儿土豆可以用2个。

土豆（大个儿的）……1个

A 蛋黄酱……2～3大勺
A 盐、胡椒粉……少许

饺子皮……8张

香肠……8根

色拉油……适量

番茄酱、芥末籽酱、干欧芹（根据喜好添加）……适量

做 法

1. 把土豆洗干净，不用擦干，直接包上保鲜膜，放入微波炉加热3～4分钟。去皮后压碎，加入A拌匀。
2. 把①平均分成8份，抹在饺子皮上。放入香肠卷好，在饺子皮边缘抹少许水，封好口。
3. 在平底锅中倒入足量色拉油加热，放入香肠卷，用小火翻转着煎熟。
4. 盛盘，根据口味加一些番茄酱和芥末籽酱，撒些干欧芹。

脆炸牛油果乳酪薄饼

大家知道墨西哥乳酪薄饼（quesadilla）吗？一种墨西哥美食。
这道料理就是以它为灵感做出来的，很受欢迎。

原 料（12个）

牛油果……1个

A 蛋黄酱……2大勺
A 盐……少许

乳酪片……3片

饺子皮……24张

色拉油……适量

做 法

1. 牛油果去核去皮后压碎，加入A拌匀。将乳酪片撕开，分成4等份。
2. 在一张饺子皮上放1/12的牛油果和乳酪，然后在饺子皮边缘抹少许水，另取一张饺子皮对齐盖住。用叉子背面将饺子皮边缘压紧，再轻轻按压平整。
3. 在平底锅中多倒些色拉油加热，放入薄饼炸熟。

本想做得漂亮一些，结果……

放凉后变软也没关系，用吐司机加热一下就又变得酥香可口了。

饺子皮面条

心血来潮，忽然想到把饺子皮切成面条。
相当成功。完全不觉得是用饺子皮做的。
就好像是软软的宽面条。（这样可以吗？）

原 料（1~2人份）

饺子皮……………………6 张
猪五花肉片……………30 克
蟹味菇…………………1/3 包
金针菇…………………1/3 袋
A［水……………………3 杯
　 盐…………………1 小撮
B［鸡精………………1 大勺
　 砂糖、酱油
　 …………各 1/2 小勺
　 姜末…………1/4 小勺
葱花、炒白芝麻（根据口味添加）……………………适量

我还做了一次没有加肉丝的，也很好吃。不过还是想吃有肉的。（这个就不需要报告啦。）

做 法

1 把饺子皮和五花肉切成 6 ~ 7 毫米宽的丝。
2 蟹味菇和金针菇去根。
3 把②和 A 倒入锅中，开火煮沸后放入肉丝和 B。肉丝煮熟后放入饺子皮煮 1 ~ 2 分钟。
4 把锅中的食材连汤一起盛在碗里，根据口味撒些葱花和芝麻。

奶汁烤蘑菇派

想把饺子皮当作派皮，于是做了这道派。
外皮酥脆，里面的馅料热乎乎的，真是忍不了啦！

原 料（5个）

洋葱……………………1/8 个
火腿片……………………1 片
蟹味菇…………………1/2 包
黄油或人造黄油、小麦粉
　…………………各 1 大勺
牛奶………………………1 杯
A［日式高汤味精、盐、
　 胡椒粉…………少许
饺子皮…………………10 张
马苏里拉乳酪、干欧芹
　……………………………适量

如果有小号挞模或者小号圆形模具，可以用模具代替锡纸。

做 法

1 洋葱和火腿切碎。蟹味菇去根。
2 在平底锅中放入黄油加热，下入洋葱，炒软后加入蟹味菇和火腿翻炒。撒些小麦粉炒匀，加入牛奶拌匀，煮至黏稠后用 A 调味。
3 把锡纸铺在烤盘中，立起四边，围成圆盘状。将饺子皮两两重叠，捏成小碗状，摆放在锡纸围成的圆盘内。
4 把②盛入饺子皮中，撒一些乳酪，放入预热至 180℃ 的烤箱中烘烤 15 ~ 20 分钟，出炉后撒些干欧芹。

烤箱品牌、型号不同，烘烤时间也有差异，最好先少烤 3 分钟，以免烤焦。

笑一笑 column ②

就职食谱

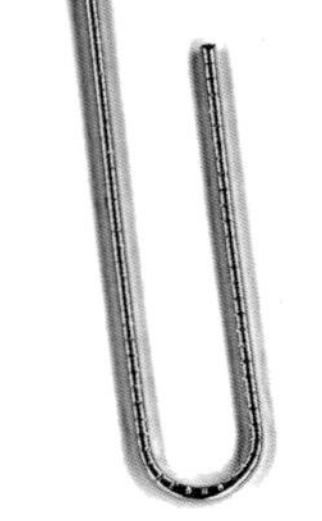

煎山药饼

原 料（1人份）

山药……1 段（长 10 厘米，200 克）

A 土豆淀粉……1 大勺
A 盐、胡椒粉……少许

色拉油……适量

蘸面汁（2 倍浓缩）……1 大勺

葱花、海苔丝……适量

做 法

1 面试官：请告诉我们你来面试的原因。

山　药：贵公司的企业理念让我很感动。

学生时期我通过参加志愿者活动，锻炼了沟通能力，以及酥脆黏软的口感，相信正符合贵公司的要求。

面试官：原来如此。请简要地说说你的履历。

山　药：2013 年 2 月 26 日，被削去皮切成了细条。

2 面试官：请保持那个姿势。请问那时的心情怎样？

山　药：老实说，感觉就是“啊——！！”

另外，和 A 搅拌在一起了。

面试官：为什么要和土豆淀粉搅拌在一起呢？

3 山　药：因为想增加黏稠度。

然后，被放在平底锅里煎熟了。

面试官：单面吗？

山　药：双面。用铲子翻面！再翻面！！

面试官：你可真有意思（笑）。我们公司还没有你这样的员工。

山　药：谢谢。学生时期我可是社团中活跃气氛的积极分子。

面试官：是什么社团呢？

山　药：谷物研究社团。冬天去滑雪，夏天去海水浴的那种。

面试官：就是活动丰富的社团吧。请继续。

4 山　药：沿着锅壁慢慢倒入蘸面汁。

面试官：很烫吗？

5 山　药：是的。最后盛盘，撒些葱花和海苔丝。

面试官：原来如此……顺便问一下，你有驾照或者什么资格证书吗？

山　药：有实用圆珠笔字和蔬菜侍酒师证书。

面试官：那么请简单说一下你的长处和短处。

山　药：长处就是黏性好。短处就是会很快氧化变黑。

面试官：好像的确如此。最后，请试着把自己比喻成一种蔬菜。

山　药：……洋葱吧。剥开一层再剥开一层，里面还有……

我就是那种很有内涵的人。

Q. 他通过了吗？

A. 没通过。因为不适合公司的风格。

疲惫时

不用花时间的轻松料理

☆无须用刀的食谱
☆微波炉食谱
☆烤箱食谱

繁忙时也能轻松应对的食谱首次登场了。

节省了时间和热情，
但依然美味。 不用省去热情吧！

不用刀真的很难。
用棒子敲打蔬菜会被说太粗犷了，
而用厨房剪刀又觉得有点耍小聪明，　这和用菜刀有什么不一样？
全部用削皮器处理吧，反而更累。

"不用菜刀，但要花时间"，不知不觉中方法和目的就倒置了。

这一部分从挑选食材的方法而非技巧入手，
收集了很容易就能做好的料理。
就用省出来的时间忙里偷闲玩会儿拼图游戏吧。 我可什么也没玩啊！

不用刀的食谱

让你精力满分的小肉饼

只要说“今天做煎小肉饼”，孩子们就高兴得要流泪。
简单地煎成了圆形，裹上酱汁非常美味。
如果煎的时候肉饼散开，也可以全部打散，改做“让你精力满分的炒肉片”。

据说肉加了砂糖后会变嫩。

原 料（2人份）

碎猪肉……200克
砂糖……1小勺
A
- 盐、胡椒粉……少许
- 小麦粉……1大勺

色拉油……2小勺
B
- 酱油、味醂……各1½大勺
- 酒、砂糖……各1大勺
- 味噌……1小勺
- 豆瓣酱……1/2小勺
- 蒜泥……1/4小勺
- 炒白芝麻……少许

生菜、樱桃番茄（根据口味添加）……适量

做 法

1. 猪肉中加入砂糖抓匀，静置10分钟，再拌入A，捏成小肉饼。
2. 在平底锅中倒入色拉油加热，把①煎熟，然后加入混合均匀的B炒匀。
3. 盛盘，点缀些生菜和樱桃番茄。

用大火把表面煎定形，翻面后转小火煎熟。

用软管装的蒜泥也可以。请根据个人口味调整用量。

便宜的猪肉加入砂糖，很神奇地变软嫩了！！试做了一下，一点都不难，我是一边喝咖啡一边做好的。(sakabong)

用便宜的碎猪肉轻轻松松就做好了，酱汁超美味！太下饭了，对于要减肥的人来说很危险哦（那我就不能吃了）。(kumi)

蛋包肉末炒豆芽

把豆芽和绞肉包在一起。
很快就能做好，我常常做这道菜。
也可以改用卷心菜丝和猪肉。（菜刀必不可少。）
豆芽放久了容易出水，请现吃现做。

原料（1人份）

猪绞肉或猪肉牛肉混合绞肉 …… 50克
豆芽 …… 1/2袋
A 日式高汤味精 …… 1/4小勺
A 砂糖 …… 1小撮
A 盐、胡椒粉 …… 少许
色拉油 …… 2小勺
B 鸡蛋（打散）…… 2个
B 牛奶或水 …… 1½大勺
B 盐 …… 少许
番茄酱、生菜（根据口味添加）…… 适量

做法

1. 加热平底锅，不用倒油，放入绞肉翻炒变色后加入豆芽炒熟。用A调味，盛出。
2. 用厨房纸将平底锅擦干净，倒入色拉油加热，倒入混合均匀的B，摊成圆形。煎至半熟后放入①并包好。
3. 盛盘，根据口味挤一些番茄酱，点缀上生菜。

很难用叉子吃。

利用铲子把蛋皮两侧折起包好，推到平底锅边缘，翻转手腕让它滑到盘子中，这样会比较轻松。唉，要怎么描述才好呢！

量好大！！爽口的豆芽和嫩滑的鸡蛋口感都很好。用的都是便宜的食材，好开心。 （Mrs. Agasa）

生菜鸡胸肉溏心蛋沙拉

非常简单。只需将食材撕开、盛盘。
我给它另外起了个名字叫作“手指沙拉”。（呀——！拜托请让我用用刀吧！）
用猪肉代替鸡胸肉味道也不错。

原料（2人份）

A 鸡胸肉 …… 1块
A 酒 …… 1大勺
B 蘸面汁 …… 3大勺
B 炒白芝麻 …… 1大勺
B 辣椒油 …… 少许
绿叶生菜 …… 4片
紫叶生菜 …… 2片
溏心蛋 …… 1个
蛋黄酱、木鱼花、海苔丝 …… 适量
紫苏叶 …… 1片
樱桃番茄 …… 2个

做法

1. 把A放入锅中，倒入没过鸡胸肉的水。用小火煮沸，1分钟后关火，盖上锅盖放凉。用手将鸡胸肉撕成条，加入B拌匀。
2. 把生菜撕成小片，放在盘子中。将①连同调味汁一起加入，打入溏心蛋。
3. 挤适量蛋黄酱，撒些撕碎的紫苏叶，再放少许木鱼花和海苔丝，点缀两颗樱桃番茄。

加酒小火煮沸，连汤一起放凉，可以保持鸡胸肉软嫩不干。

紫苏叶可以适当多放些。

第一次尝试蘸面汁＋辣椒油的组合，好吃到上瘾！用的都是很容易就能买到的食材，还不用动刀，很快就能做好的沙拉！！（MaNa）

裙带菜粉丝汤

容易做又美味，是一道很值得推荐的汤。
用土豆淀粉勾芡并煮沸后，再慢慢将蛋液倒入汤中，然后大致搅拌一下。
做好的汤蛋花细腻，汤汁一点也不混浊。

照片里就是 1 人份的汤，如果觉得太多，也可以分成 2 份。

切葱花比较麻烦，其他的都很容易！我觉得好像可以开店卖汤了。这道汤已经成了我家的保留汤品，太好喝了。 (miyubii)

原 料（1人份）

A
- 粉丝……20 克
- 干裙带菜……1 小勺
- 冷冻玉米……2 大勺
- 酒……1 大勺
- 鸡精……2 小勺
- 盐、胡椒粉、酱油……少许
- 水……450 毫升

B
- 土豆淀粉……1 大勺
- 水……2 大勺

鸡蛋（打散）……1 个
芝麻油……少许
葱花、炒白芝麻、辣椒油（根据口味添加）……适量

做 法

1. 把 A 倒入锅中开火煮，粉丝变软后倒入混合均匀的 B 勾芡。
2. 煮沸后画圈倒入蛋液再次煮沸，加些芝麻油。
3. 盛入碗中，根据口味撒些葱花和芝麻，滴几滴辣椒油。

请酌情调整用量。

Q. 葱花应该怎么切啊？
A. 啊——！！

紫苏黄油酱油杏鲍菇

感觉好像算不上是一道食谱，不过实在是太好吃了，所以一定要分享一下。
好喜欢用手撕开杏鲍菇的感觉，想再撕 120 根。（撕够了吗？）

原 料（2人份）

杏鲍菇……2 根
黄油或人造黄油……1/2 大勺
盐、胡椒粉……少许
酱油……1 小勺
紫苏叶……2 片

马上就能做好，临时需要加菜时做起来很方便，紫苏叶增添了清爽气息，用来当下酒菜也很合适。 (hiko)

做 法

1. 用手把杏鲍菇撕成 4 ~ 6 条。
2. 平底锅中放入黄油加热，放入①翻炒。撒入盐和胡椒粉，再画圈倒入酱油。
3. 盛盘，撒一些撕碎的紫苏叶。

酱油放一点就可以了。看起来好像什么都没加……

之后可以闻到手指上的紫苏味儿。

菜包肉

非常喜欢这道菜，还可以做成盖饭或当作便当里的配菜，我经常做。
要腌 15 分钟是有点麻烦，所以不妨多腌一些、多做点。（这样就算解决了吗？）

肉片和生菜是最佳组合！有多少吃多少，实在是很危险的食谱啊（爆笑）！ (nanairo)

原 料（2人份）

猪肉片……160 克

A
- 酱油、酒……各 1 大勺
- 砂糖、味醂……各 1/2 大勺
- 芝麻油……1 小勺
- 姜末……1/4 小勺

色拉油……2 小勺
生菜、蛋黄酱……适量

做 法

1. 用 A 将肉片拌一下，静置 15 分钟。在平底锅中倒入色拉油加热，放入肉片翻炒。
2. 把生菜铺在盘子中，盛入①，搭配上蛋黄酱。

可以像手卷寿司那样用生菜包着吃。想配黄瓜丝的话，就用手当刀吧。

从来没有用手这样将豆芽和肉馅搅拌在一起过，做起来很容易，开心。把豆芽"嚓嚓"折断，然后拌匀，一定要尝尝，好吃又健康。
(mong)

豆芽肉饼

正好用完一整袋豆芽，很容易做的一道菜。
肉饼里加了味噌、蛋黄酱和芝麻油，
什么调料都不蘸也很好吃。
好喜欢豆芽"嚓嚓"被折断的感觉。

原料（2人份）

我用的是白味噌＋赤味噌。

A
- 鸡绞肉……200克
- 豆芽……1袋
- 味噌……1½大勺
- 蛋黄酱、土豆淀粉……各1大勺
- 酒……1/2大勺
- 芝麻油……1小勺
- 姜末……1/4小勺

色拉油……2小勺
生菜……适量

做法

1. 把A倒入碗中，一边用手折断豆芽一边搅拌，然后捏成小圆饼。
2. 在平底锅中倒入色拉油加热，把①放入锅中，煎至变色后翻面转小火。倒入水，没过①的1/3即可，半掩锅盖，煮到水分蒸发完。
3. 把生菜铺在盘中，然后盛入②。

用褶边生菜合适吗？

微波炉食谱

柚子胡椒黄油煮鲑鱼

一道 5 分钟就能做好的主菜。
没有柚子胡椒也没关系，还有橙醋。
鲑鱼呢？没有也没关系，还有橙醋。（根本没有解决问题啊！）

原料（1人份）

新鲜鲑鱼……………………1 块
盐、胡椒粉、柚子胡椒[①]……………………少许
蟹味菇……………………1/3 包
金针菇……………………1/3 袋
酒……………………1/2 大勺
黄油或人造黄油……1 小勺
橙醋……………………适量
黑胡椒碎、萝卜苗……适量

做法

1 在鲑鱼表面抹上盐和胡椒粉。
2 蟹味菇和金针菇去根。
3 把①放入耐热容器中，再放入②，加入酒、黄油和柚子胡椒。松松地盖上保鲜膜，用微波炉加热 2 分钟。
4 淋适量橙醋，撒少许黑胡椒碎，点缀一簇萝卜苗。

也可以加些洋葱片或葱丝。

可以夹一点尝尝看鱼肉熟了没有，然后用蘑菇把夹过的部分盖住。

很容易就能做好，看起来非常豪华，好高兴。加了柚子胡椒和橙醋后味道非常好。一定会再做的。(tomotomo)

炖肉丸

将绞肉和其他食材拌好，捏成丸子，淋上酱汁后放入微波炉。
只需要这么几步就能做出柔软的丸子了。
推荐给想做汉堡肉饼却没有精力的朋友。

原料（2人份）

A
猪肉牛肉混合绞肉……………………200 克
洋葱（切碎）……1/4 个
鸡蛋（打散）………1 个
面包糠、牛奶……………………各 3 大勺
盐、胡椒粉………少许
水……………………1/2 大勺

蟹味菇……………………1/2 包

B
番茄酱、水……………………各 3 大勺
英国辣酱油……2 大勺
酒……………………1 大勺
砂糖……………………1/2 大勺
酱油……………………1 小勺

溏心蛋、干欧芹、乳酪粉（根据口味添加）…………适量

做法

1 把 A 拌匀，分成 6 等份，捏成丸子。
2 蟹味菇去根。
3 把丸子码放在耐热容器中，撒上蟹味菇，倒入搅拌均匀的 B。松松地盖上保鲜膜，用微波炉加热 5 分钟。将丸子翻面，重新盖上保鲜膜，加热 3 分钟，拌匀。
4 盛盘，根据喜好加入溏心蛋，撒一些干欧芹和乳酪粉。

汤汁容易飞溅，请用大一些的耐热容器。加热后在微波炉里静置一会儿，利用余热让肉丸熟透。夹一小块尝尝，如果觉得还没熟可以再加热几分钟。

只需要搅拌一下，然后用微波炉加热，没想到会这么好吃！！这份食谱真是主妇和上班族的好伙伴。已经入选我家的必备菜单了。（好美）

①把青柚皮、盐、青辣椒混合磨碎做成的酱料。

微波炉回锅肉

不用炒锅好像就不是回锅肉了，
不过我就是在搬家时或者家里没有煤气时做的。

加热后偷偷尝了一下，果然没有入味（笑）。拌匀之后味道就很棒了！家人吃过都觉得非常满足。 (ri)

原 料 (2人份)

猪肉片……………………100 克

A
- 砂糖、酒…………各 1 大勺
- 味噌、酱油………各 1/2 大勺
- 芝麻油、豆瓣酱‥各 1/2 小勺
- 蒜泥、姜末………各 1/4 小勺

卷心菜叶……………………5 片

洋葱…………………………1/8 个

炒白芝麻……………………适量

做 法

1. 用 A 将肉片腌一下。
2. 把卷心菜叶撕成小块，洋葱切成丝。
3. 把②铺在耐热容器底部，将①连腌料一起放入其中，松松地盖上保鲜膜，用微波炉加热 5 分钟，拌匀后静置一会儿。
4. 盛盘，撒上芝麻即可。

刚加热完还没有入味，请充分拌匀。

油菜煮炸豆腐

经典的微波炉菜式，做起来很轻松，汤汁丰富，清淡爽口。
兴奋得一个人全喝光了，就像河马一样。

原 料 (2人份)

油菜……………………1/2 把

炸豆腐…………………1 块

A
- 酱油、味醂…………各 1 大勺
- 砂糖…………………1/2 小勺
- 日式高汤味精………1/4 小勺
- 水……………………1/2 杯

属于被植物十字花科的油菜可以用微波炉煮，轻松补充 β- 胡萝卜素。
By kaba（野岛满子）

做 法

1. 油菜切段。炸豆腐切小块。
2. 把①放入耐热容器中，淋上 A。松松地盖上保鲜膜，用微波炉加热 3 ~ 4 分钟，拌匀后静置一会儿。

请注意，刚做好时还没入味，请静置片刻。

鱼干培根拌茄子

非常喜欢。
茄子不用炸，加入小鱼干和培根就非常提味了。

"叮——"最厉害的微波炉系列食谱☆我会经常做的，超好吃。 (Cassy ka-sii)

原 料 (2人份)

小茄子…………………2 个

A
- 酱油、醋、砂糖、炒白芝麻 ……………各 1 大勺
- 味醂、芝麻油………各 1 小勺
- 姜末…………………1/4 小勺

培根……………………1/2 片

小鱼干…………………1 大勺

葱花、炒白芝麻（根据口味添加）……………适量

做 法

1. 茄子去蒂洗净，用保鲜膜包好，放入微波炉加热 4 ~ 5 分钟，然后浸入冷水中。茄子冷却至不烫手后取出，放入混合均匀的 A 中腌制。
2. 培根切成细条，与小鱼干一起夹在对折的厨房纸中，放入耐热容器，用微波炉加热 40 ~ 50 秒。
3. 把①盛盘，放入②，撒些葱花。

腌制 5 分钟或者 3 小时，都很美味。

很害怕小鱼干"砰砰"飞溅的声音，有了厨房纸就不用怕了。我的对策就是将厨房纸对折，把它们放在夹层中。

烤箱食谱

"调味料很少啊！酱油之类的都不需要吗？"虽然有些疑问，不过试做之后发现很好吃，简直停不下口，连骨头都舔了呢！（tomoming）

烤鸡翅

只需要腌一下然后烤熟即可。
好吃得停不下来。

每人 4 个鸡翅，没想到一下就吃完了。

腌 30 分钟左右就很入味了，会更好吃。

原 料（2人份）

A
- 鸡翅中……………8 个
- 盐、黑胡椒碎、蒜泥……………各 1/4 小勺
- 色拉油……………2 小勺

生菜……………适量

做 法

1. 把 A 放入保鲜袋中腌一下。
2. 将腌好的 A 放在锡纸上，送入烤箱烤至金黄色。
3. 盛盘，配上生菜。

需要烤 15 ~ 20 分钟。

烤炸豆腐

把炸豆腐烤到酥脆，然后淋上蘸面汁吃。
外形不太好看，不过用勺子切开后会闻到浓郁的香味。
深深吸一口气，心情也会好起来。

原 料（2人份）

炸豆腐……………1 块

A
- 面酥……………2 大勺
- 炒黑芝麻……………适量

紫苏叶……………2 片

蘸面汁……………适量

做 法

1. 把炸豆腐放在锡纸上，放入烤箱烤至上色，切开。
2. 盛盘并淋上 A。放入切碎的紫苏叶，淋适量蘸面汁。

非常喜欢紫苏，可以的话最好再加上面酥。另外还可以加点葱和姜。

我离不开紫苏，面酥是之后撒上去的。炸豆腐烤过之后口感酥脆，我还喝了点啤酒。（kasuming）

面酥和蘸面汁是黄金搭配，再加上紫苏，口感和香味都大大提升了。吃完就饱了！（se）

味噌蛋黄酱烤鲑鱼

非常简单，只需抹上调味料烤熟即可。
既能下饭，又能佐酒。

原料（1人份）

色拉油、蛋黄酱…………适量
生鲑鱼…………1块
A ［味噌…………1/2 大勺
　　味醂…………1 小勺
萝卜苗…………适量

抹上调味料烤熟就好了，超级简单！都不知道该说什么好了。（BON）

做法

1 在锡纸上抹少许色拉油，放上鲑鱼，淋上混合均匀的 A，表面挤适量蛋黄酱。
2 放入烤箱烤成金黄色。
3 在盘中铺一张油纸，盛盘，点缀上萝卜苗。

用保鲜膜包住适量蛋黄酱，用牙签在保鲜膜上扎一个小孔，就能挤出细细的蛋黄酱了。

大概要烤 10 分钟。

蛋黄酱乳酪烤鱼糕

我经常把它当作便当的配菜。
鱼糕中卷入了乳酪，其中一面还切了花刀，很自然地卷了起来，看起来很像墨鱼卷。
另外，也可以用紫苏或者海苔代替乳酪片，还不用烘烤。

原料（1人份）

圆筒状鱼糕…………2 条
乳酪片…………1 片
蛋黄酱…………适量
新鲜欧芹…………适量

咬了一口就想喝啤酒了！这样已经很好吃了，再蘸点酱汁味道就好像大阪烧，要是蘸番茄酱就变成比萨味儿了。（遊）

做法

1 圆筒状鱼糕纵向对半切开，内侧切成格子状花刀。将乳酪片切成 4 条。
2 在鱼糕外侧抹上蛋黄酱，铺 1 片乳酪，卷起来用牙签固定好。鱼糕都卷好后放在锡纸上，送入烤箱烤至上色。
3 盛盘，点缀上欧芹。

花刀切浅一些就可以了。卷乳酪的时候稍微留出来一点，烤好之后乳酪会盖住鱼糕，看着非常有食欲。

面包糠烤芦笋

芦笋不用预先煮熟，直接烤即可。
留在烤盘底部的蛋黄酱、面包糠、乳酪粉和蛋白的混合物味道很香，我也刮下来吃掉了。

原料（1人份）

绿芦笋…………1 小把
盐、胡椒粉、蛋黄酱……适量
A ［面包糠、乳酪粉
　　…………各 1 大勺
鸡蛋…………1 个
黑胡椒碎…………适量

做法

1 芦笋去掉根部外皮，放入耐热容器中，撒上盐和胡椒粉，挤一些蛋黄酱，撒上 A 后放入烤箱烘烤 3 分钟。
2 打入鸡蛋，再烤 2 ~ 3 分钟，根据喜好撒些黑胡椒碎。

建议多撒一些盐和胡椒粉。我觉得味道有点淡。

没想到做起来这么容易！包裹着半熟蛋的芦笋很好吃！对于单身人士来说，作为早餐再合适不过。（本 yu）

recipe column 2

常备菜

我说过“我从不做常备菜”，不过现在终于明白了它们的方便之处。
以前每次要做很多，花很长时间，所以不想做，
现在发现可以准备一些简单的菜品，一两次就能用完，非常轻松。
这部分会为大家介绍几道非常实用的常备菜。

肉末

只需把绞肉炒熟、加入调味料即可。
盛在米饭上，加个煎蛋就是一道很华丽的料理了。
此外还可以作为饭团、蛋包饭、可乐饼和肉丸的原料。

原 料（容易制作的用量）

猪绞肉或猪肉牛肉混合绞肉 ………150 克

A
- 酒、砂糖、酱油、味醂、味噌、水 ……………………各 1 大勺
- 姜末 ……………………………1/4 小勺

做 法

1 加热平底锅，不用倒油，放入绞肉翻炒。

2 炒变色后加入 A，中火炒到水分差不多蒸发完。

放点洋葱或者葱花也很好吃。对，放一点更好吃。

保存方法：倒入容器中，用保鲜膜包好。

保存期限：冷藏 3 ～ 4 日，冷冻约 1 个月。

我一直认为，冷冻 = 永远。

arrange ①

蔬菜炒肉末

原 料（1人份）

青椒 ……………………………1 个
卷心菜叶 ………………………2 片
肉末（参考左侧做法）…1/2 份
豆芽 ………………………1/2 袋
盐、胡椒粉………………… 少许

做 法

1 青椒去蒂、去籽，切成细条。卷心菜叶用手撕成小片。

2 加热平底锅，不用倒油，放入肉末翻炒，加入①和豆芽继续翻炒。炒熟后试尝一下味道，撒少许盐和胡椒粉调味。

肉末是做好的，所以不需要太多调味料。

arrange ②

肉末乳酪三角酥

原 料（约20个）

饺子皮……………………………20 张
肉末（参考左侧做法）……1 份
马苏里拉乳酪、煎炸油… 适量
新鲜平叶欧芹……………… 适量

做 法

1 在每张饺子皮上盛 1 小勺肉末和 1 小勺乳酪，边缘处抹少许水，包成三角形。

在饺子皮正中央放馅儿，然后从 3 个等分点处捏合起来。

2 在平底锅中倒入深约 1 厘米的煎炸油，加热到 170℃后放入三角酥炸至金黄色。

3 盛盘，撒少许新鲜平叶欧芹。

饺子皮变成金黄色就熟了。

煮鸡肉

煮好的鸡肉有很多吃法：
淋上橙醋和芝麻酱可以做成棒棒鸡，
撕成小块可以当作沙拉的食材，
裹上面衣可以做成炸鸡。
鸡肉已经预先煮熟了，所以做起来很轻松。

原 料（容易制作的用量）

A
- 酒……………………………2 大勺
- 盐……………………………1 小勺
- 葱（取绿叶）………………1 根
- 水……………………………4 杯

鸡胸肉或者鸡腿肉…………1 块（300 克）

做 法

1 把 A 放入锅中，煮沸后放入鸡肉煮 12 分钟。关火，让鸡肉浸在汤中放凉。

浸在汤中放凉，肉质软嫩不干。

保存方法：连汤汁一起放入容器中。
保存期限：冷藏 3 ～ 4 天，冷冻约 1 个月。

arrange ①

中华风味葱香鸡肉

原 料（2人份）

煮鸡肉…………………………1 块

A
- 葱（切葱花）………1/3 根
- 砂糖、酱油……各 1 大勺
- 醋………………………1/2 大勺
- 芝麻油、蚝油…各 1 小勺
- 姜末、蒜泥…各 1/4 小勺

香葱（切葱花）……………适量

做 法

1 把煮鸡肉切成方便食用的片。
2 盛盘并淋上混合均匀的 A，撒上香葱。

arrange ②

炸鸡肉

原 料（2人份）

煮鸡肉…………………………1 块
盐、胡椒粉……………………少许

A
- 小麦粉………………4 大勺
- 水……………………6 大勺

面包糠、煎炸油……………适量

B
- 番茄酱、芥末籽酱（根据口味添加）…………适量

C
- 葱花、蛋黄酱（根据口味添加）…………适量

做 法

1 鸡肉切片，撒上盐和胡椒粉，依次粘裹上混合均匀的 A 和面包糠。
2 在平底锅中倒入约 1 厘米深的煎炸油，加热到 170℃，放入鸡块炸熟。
3 盛盘，根据口味添加 B 和 C。

炸到金黄色就可以了。鸡肉事先腌过，成品比用生肉做的还要好吃。

笑一笑
column
3

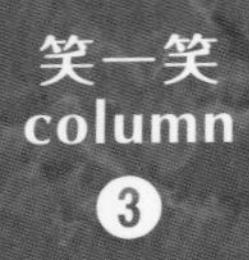

适合考虑太多的你 抽签食谱

献给考虑了很多却无法做决定的人。
别犹豫了，要马上做出选择。对，那样就对了。

玩法
❶在喜欢的地方加一条线。
❷选择第一眼看上去觉得可怕的图片。
❸祈祷对应的那道菜可以带给你幸福。

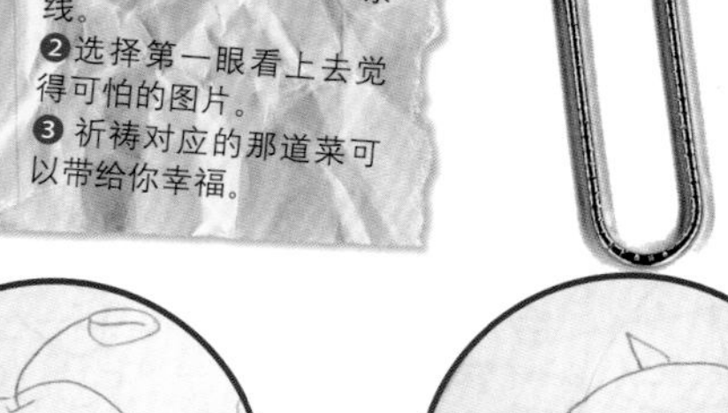

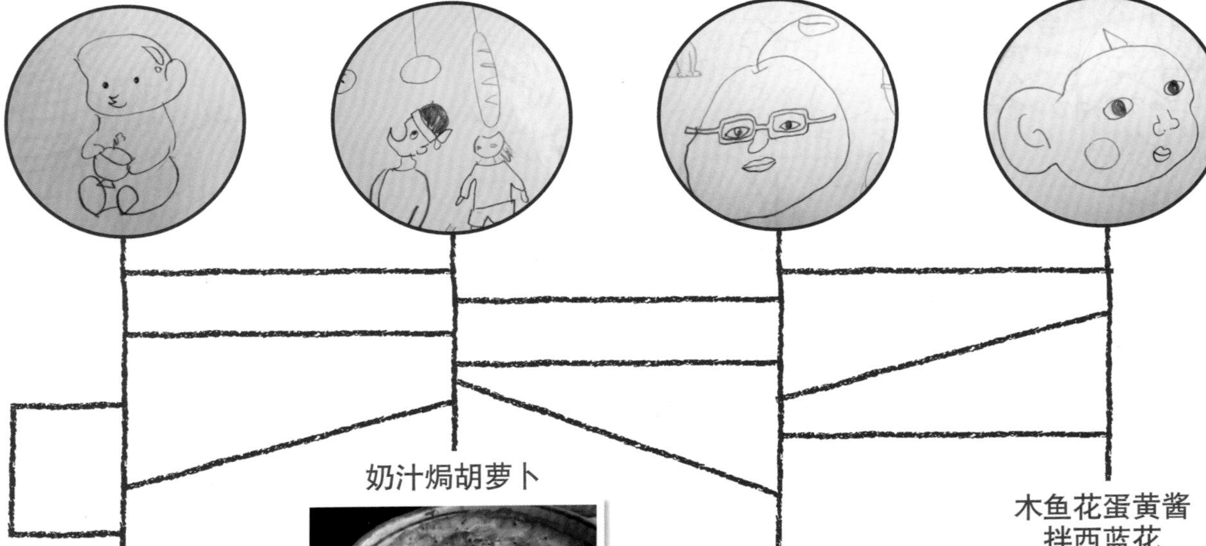

炸牛蒡

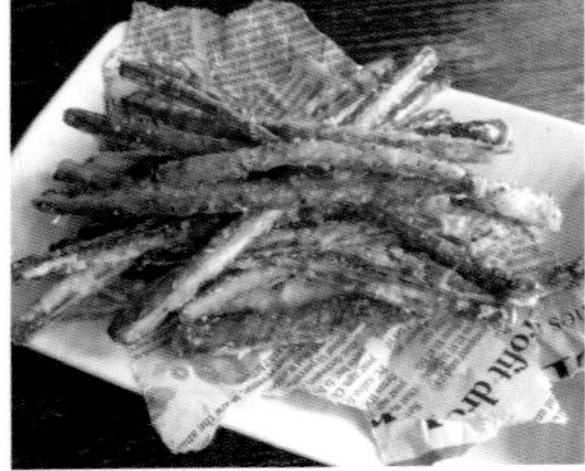

原 料（容易制作的用量）

牛蒡……1 根
A 蘸面汁（2 倍浓缩）…3 大勺
A 蒜泥、姜末……各 1/4 小勺
土豆淀粉、煎炸油、盐、胡椒粉……适量

做 法

1 把牛蒡洗干净，切成 15 厘米长的细条，放在水里浸泡一下。
2 将 A 和①放入保鲜袋腌 1 小时，沥干后裹上土豆淀粉。
3 把煎炸油加热到 170℃，放入牛蒡炸熟，趁热撒上盐和胡椒粉。

好像居酒屋的小菜。

奶汁焗胡萝卜

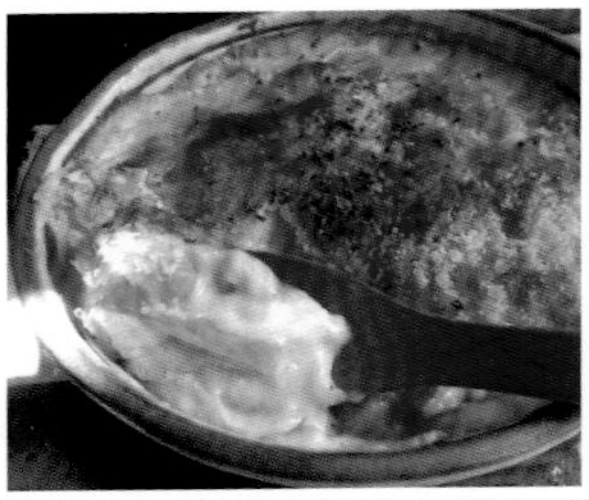

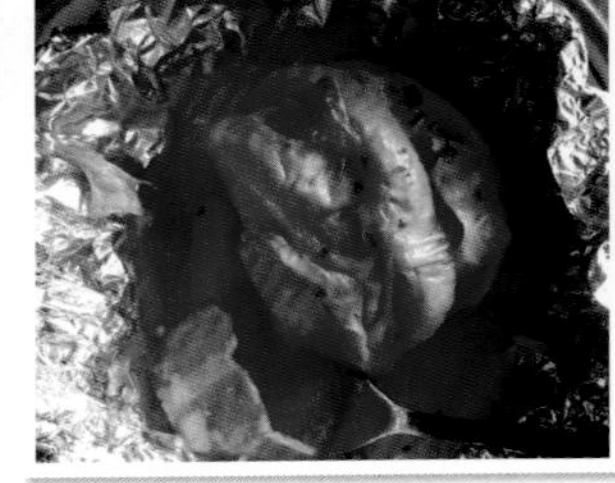

原 料（2人份）

胡萝卜……1 根
色拉油……1 小勺
黄油或人造黄油……1 大勺
盐、胡椒粉……少许
小麦粉……略多于 1 大勺
牛奶……1 杯
日式高汤味精……1/4 小勺
A 马苏里拉乳酪……适量
A 面包糠、乳酪粉……各 1 大勺
干欧芹……适量

做 法

1 胡萝卜去皮后切成细条，放入耐热容器中，倒入色拉油，松松地盖上保鲜膜，用微波炉加热 1 分 30 秒。
2 平底锅中放入黄油，加热后倒入①翻炒，用盐和胡椒粉调味。加入小麦粉炒匀，慢慢加入牛奶，一边煮一边搅拌至变黏稠，用日式高汤味精调味。
3 把②放入耐热容器中，依次加入马苏里拉乳酪、面包糠、乳酪粉。用烤箱烤至表面焦黄，出炉后撒些干欧芹。

烤番茄

原 料（1人份）

番茄……1 个
蒜泥、盐、胡椒粉……少许
培根……1/2 片
乳酪片……1 片
干欧芹……适量

做 法

1 在番茄表面切一道 1 厘米深的小口，切口处抹上蒜泥。
2 培根切成 2 厘米长的细条，夹在①的切口处，表面抹上盐和胡椒粉，放上乳酪片。用锡纸将番茄整个包好，放入预热至 250℃的烤箱中烤 12 分钟。
3 盛盘，撒些干欧芹。

也可以用吐司机烤。搭配一块面包蘸着汤汁吃也不错。

木鱼花蛋黄酱拌西蓝花

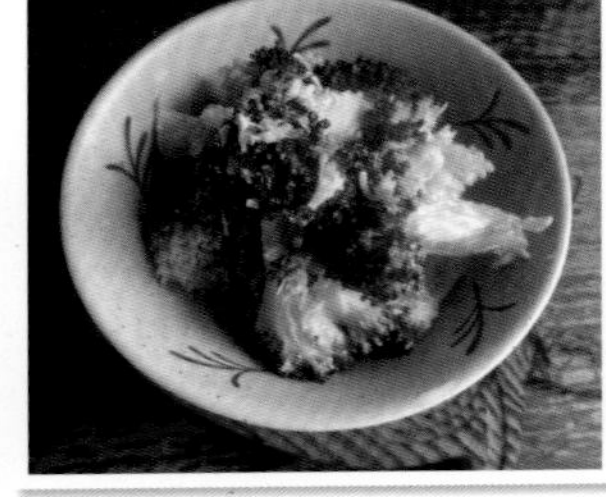

原 料（2人份）

西蓝花……1/2 棵
A 木鱼花……适量
A 蛋黄酱……2 大勺
A 日式高汤味精……1/4 小勺
A 砂糖……1 小撮

做 法

1 把西蓝花洗干净，放入耐热容器中，松松地盖上保鲜膜，用微波炉加热 1 分钟～1 分 30 秒，然后掰成小朵。
2 加入 A 拌匀。

绘画：山本优莉（摘自小学3年级的涂鸦簿）

好吃得停不下来的

饭和面

虽然现在流行低碳水化合物减肥法，
不过米饭还是很好吃的。
我特别喜欢白米饭。

如果要选只吃菜还是只吃饭，
我会选择饭。

菜用盐或者海苔代替吧。

准备饭或面都花不了多少时间，很轻松就能做好，
而且只要一道就够了，没有第二道菜大家也能接受。
就喜欢这一点！

需要配菜和汤吗？

每一道都简单又好吃，分量十足，请务必试一试。

我曾经尝试过连续5天不吃碳水化合物。
结果身体慵懒无力，让我非常吃惊。
5天过后，我马上去买了猪排饭，脸很快又变圆了。

太糟糕了！

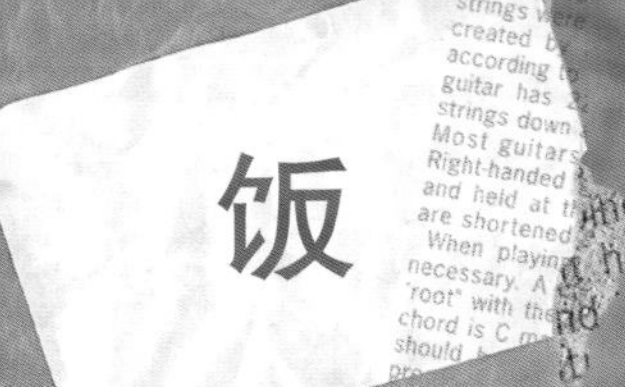

蚝油酸甜酱汁鸡肉盖饭

鸡肉吸收了蒜和姜的辛香味道，淋上加了醋的酸甜酱汁，比和缓的春风还要讨人喜欢。

如果不知道筋在什么位置，就在没有皮的那一面随意地划几刀即可。如果发现有很难切开的部分，应该就是筋的位置了。

原料（1人份）

可以用软管装的蒜泥，挤一下就够了。没有的话也可以不加。

- 鸡腿肉……1块
- A［黑胡椒碎、蒜泥、姜末……少许
- 蟹味菇……1/3包
- 生菜……2片
- 色拉油……1小勺
- 盐、胡椒粉……少许
- B
  - 酒、酱油、味醂……各1大勺
  - 醋……1～2小勺
  - 蚝油……1小勺
  - 芝麻油……少许
- 米饭……1大碗

做法

1. 鸡肉把筋切断，抹上A。蟹味菇去根。生菜切成细条。
2. 在平底锅中倒入色拉油加热，放入鸡肉，带皮的一面朝下，煎至金黄色后翻面，转小火煎熟后拨到一边。放入蟹味菇翻炒，用盐和胡椒粉调味，全部盛出。
3. 控去平底锅中的油，倒入B煮沸。放入鸡肉裹上酱汁，盛出，切成方便食用的小块。
4. 把米饭盛在碗里，放入生菜、蟹味菇和③，淋上锅中的酱汁。

我用的是鸡胸肉，酱汁味道浓郁，非常满意。没想到改变了食材也很美味。
(bete)

新加坡风味鸡饭

把鸡肉煮熟，然后用煮过鸡肉的汤煮饭。
虽然没有用香菜或者鱼露这些东南亚风味的调味料，不过酸甜口味的酱汁已经很好吃了。
拍照时盘子就放在常用的那件短背心上了。

原 料（容易制作的用量）

大米……………………2 合

A
- 鸡腿肉………………2 块
- 盐……………………1 小勺
- 水……………………3 杯
- 姜……………………1 片
- 葱（取葱叶）………1 根

B
- 砂糖、醋……各 1 大勺
- 酱油……略少于 1 大勺
- 蒜泥、姜末………少许
- 红辣椒（根据口味添加，切碎）…………1/2 根

生菜、香葱………………适量

做 法

1. 把大米淘好，沥干备用。
2. 把 A 放入锅中，小火煮 15 分钟，连汤汁一起放凉。把鸡肉切成方便食用的小块。
3. 将大米和煮过鸡肉的汤汁一起倒入电饭锅中，汤汁不够的话可以加适量水，按照一般程序煮饭。
4. 把 B 放入耐热容器中，松松地盖上保鲜膜，用微波炉加热 1 分钟。
5. 在餐盘中铺上生菜，盛入米饭，再码放上鸡肉。淋一些④，点缀 2 根香葱。

我是用鸡汤煮饭的，如果是一般的白米饭，码放上鸡肉后淋一些鸡汤也可以。

用吃剩的鸡胸肉做的，和鸡腿肉一样美味……太好吃了。 （formina）

很喜欢鸡饭，所以马上就尝试了！老公也很满意。 （Lovely sugar）

太好吃了！把鸡肉的鲜味都释放出来了，太喜欢了。 （少女美希）

太好吃了，一直抱着锅，以便一有空就能吃到。 （saki）

鸡肉烩饭

番茄酱口味的烩饭很好吃，不过我更喜欢蒜香黄油风味。
做过这道烩饭的朋友都说“想要抱着电饭锅吃”。
把煎得焦黄的鸡肉放进嘴里，太美味了。

原 料（容易制作的用量）

大米………………………2 合
洋葱………………………1/4 个
鸡腿肉……………………1 块

A
- 盐、胡椒粉…………适量
- 蒜泥…………………少许

色拉油……………………1 小勺
黄油或人造黄油…………2 大勺
高汤块……………………1 块
盐、胡椒粉………………少许
干欧芹……………………少许

做 法

1. 大米淘过后浸泡 30 分钟，沥干。洋葱切末。鸡肉用 A 腌一下。
2. 在平底锅中倒入色拉油加热，放入鸡肉，大火煎至两面焦黄后盛出，切成小块。
3. 平底锅中放入黄油，将洋葱炒软，倒入大米炒至有透明感。
4. 把③倒入电饭锅中，加水到 2 合的刻度。放入②，将高汤块铲碎加入其中，按照一般程序煮饭。煮好后拌匀，用盐和胡椒粉调味。
5. 盛盘，撒适量干欧芹。

为了更入味。

没有完全熟透也没关系，只要煎成焦黄色就可以了。也可加入蘑菇一起炒。

肉片山药盖饭

一道很适合夏天的清爽盖饭。
煮过的肉片，爽口的山药，配上香脆的面酥，
感受到食材的丰富口感了吗？太开心了！

原 料（1人份）

猪五花肉片…………100 克
酒、面酥…………各1大勺
山药……1小段（长3厘米）
紫苏叶……………………2片
生菜………………………1片
米饭………………………1碗
A 蘸面汁、橙醋……………各1大勺
芥末………………………少许
海苔丝、葱花、炒白芝麻（根据口味添加）…………适量

没有生菜也没关系。

做 法

1. 把肉片切成方便食用的小块。在锅中倒入水和酒，快要煮沸时放入肉片。肉片变色后关火，浸在汤汁中放凉。
2. 山药去皮，切成细条。紫苏叶切成细丝，生菜撕成小片。
3. 碗里盛入米饭，铺上生菜，把肉片沥干，和山药一起盛入碗中，淋上混合均匀的A，再放入面酥、紫苏叶和海苔丝，根据口味撒些葱花和芝麻。

肉片煮好后用冰水冲一下就会变得很有弹性，也可以用热水烫熟，然后连汤汁一起放凉。

痛快！没有食欲的时候也能吃完。其实我的胃口不太好，但是一下全吃光了。最适合夏天吃，当然其他季节也没问题。 (ri)

我一个人吃，两碗米饭有点多。

葱香五花肉炒饭

炒饭容易做而且吃起来很痛快，所以我很喜欢做炒饭。
普通的蛋炒饭就很好吃，葱盐味的就更加难以拒绝了。
如果要二选一怎么办？（快吃吧！）

原 料（2人份）

猪五花肉片…………100 克
葱……………………………1根
芝麻油………………1/2大勺
蒜泥…………………1/4小勺
A 鸡精………………1/2大勺
盐、黑胡椒碎…………各1/4小勺
米饭…………………………2碗
盐…………………………少许
葱花、炒白芝麻…………适量

做 法

1. 肉片切成细条，葱切末。
2. 在平底锅中倒入芝麻油加热，放入蒜泥和①，翻炒至肉片变色后放入A炒匀，加入米饭翻炒，用盐调味。
3. 盛盘，撒入葱花和芝麻。

挤点柠檬汁也很好吃。

芝麻油、大蒜、盐、鸡精、葱和五花肉，这样的搭配不可能不好吃啊！味道真不错。 (yabu)

牛肉

“那个味儿”的牛肉盖饭

说到“那个味儿”，就想到了冷冻牛肉盖饭的味道。
白葡萄酒的甜味或许是好吃的关键，不过没有也没关系。
只用日式调味料总觉得好像缺了什么，
想了一会儿，加了点儿法式清汤味精。

原 料（2人份）

洋葱……………小半个
牛肉片……………200 克
A
- 酒……………3 大勺
- 味醂……………2 大勺
- 砂糖……………1 小勺

B
- 日式高汤味精……1 小勺
- 水……………1 杯

C
- 酱油……………2 大勺
- 法式清汤味精……………1/2 小勺
- 蒜泥、姜末……………少许

米饭……………2 大碗
红姜……………适量

最好用白葡萄酒。

刀口要与洋葱纤维走向垂直。先将洋葱煮一下，释放出甜味是关键。

做 法

1 洋葱切成薄片，牛肉切成方便食用的小片。
2 把 A 放入锅中，开火煮沸，加入 B 和洋葱继续煮，熟了之后加入 C 和牛肉片，肉片变色后马上关火。
3 把米饭盛入碗中，再盛入晾至温热的②，根据口味添加红姜。

晾一下更入味。

没吃完的放入冰箱，热过之后再吃还是很美味，实在太好吃了。不是恭维，味道比餐馆的还要好！！（鸣美）

蒜香牛肉胡椒炒饭

模仿一家餐馆的胡椒炒饭做的。
在蒜香炒饭上画圈淋上甜咸味酱汁，拌匀之后大口吃。
减肥前最后一次吃。（其实经常做。晚饭一直吃它，于是长胖了。这就是真相。）

也可以用冷冻玉米粒。

多加一些。

原 料（1人份）

大蒜……………1 瓣
牛肉片……………80 克
色拉油……………1 大勺
米饭……………1 大碗
A
- 黄油或人造黄油……………1 大勺
- 玉米粒……2 ~ 3 大勺
- 盐、胡椒粉……………少许

B
- 烤肉调味汁（市售品）
- 水……………各 1 大勺
- 酱油……………1 小勺

黑胡椒碎……………适量
葱花……………适量

做 法

1 大蒜切末，肉片切成细条。
2 把色拉油和蒜末放入平底锅中小火炒香。放入牛肉，翻炒变色后加入米饭，不用频繁翻拌，将米饭煎成焦黄色。依次加入 A 和 B，炒匀后关火。
3 盛盘，撒些黑胡椒碎和葱花。

试尝之后根据口味调整 B 的用量。沿着锅壁倒入。

我一个男人也能轻轻松松做得很好吃。（茶）

哇——餐馆的味道！其实这是我第一次做胡椒炒饭！（syo）

绞肉

鸡肉末盖饭

其实这只是一道普通的鸡肉末盖饭。
只是肉末中保留了更多的水分，口感湿润。

很多烹饪书都让我觉得泄气，但山本小姐的食谱却不一样，它很棒，就像痒的时候有手伸过来帮你抓痒似的！！笑。（uzura）

口感湿润，很好吃。（琥珀）

原 料（2人份）

A
- 鸡绞肉…………150 克
- 砂糖、酱油、酒、味醂…………各 1 大勺
- 姜末…………1/4 小勺
- 水…………2 大勺

色拉油…………1/2 大勺

B
- 鸡蛋（打散）…………2 个
- 砂糖…………1/2 大勺
- 盐…………一小撮
- 水…………2 大勺

米饭…………2 大碗

C
- 炒白芝麻、海苔丝、葱花…………适量

总体上是甜味儿的，不能吃甜的人可以减少砂糖和味醂的用量。

用几根筷子一起打比较容易打散。

不是大葱。

做 法

1 把 A 倒入锅中，开中火用筷子拌炒，炒到水分蒸发后盛出。
2 加热平底锅，倒入色拉油和混合均匀的 B，炒散。
3 将米饭盛入碗中，加入①、②和 C。

干炒肉末咖喱盖饭

之前做肉末盖饭的酱包不够用了，我就加了些咖喱块，出乎意料地好吃。
要买两种酱包有点浪费，大家可以用番茄酱代替肉末盖饭的酱包。
要把咖喱中分辨不出来的香料的味道充分释放出来。

老公一直埋头吃，别的菜都没碰（笑）。就是那么好吃。（ayapang）

咖喱、肉末、鸡蛋和洋葱组成绝妙的搭配。加了炸洋葱，好吃得停不下筷子。（柚子桃子）

原 料（2人份）

- 胡萝卜…………1/3 根
- 洋葱…………1/2 个
- 生菜…………1 片
- 水煮蛋…………1 个
- 咖喱块…………1 块
- 色拉油…………1 小勺
- 蒜泥…………少许
- 猪绞肉或猪肉牛肉混合绞肉…………150 克

A
- 番茄酱…………2 大勺
- 酒、英国辣酱油…………各 1 大勺
- 水…………1 杯

米饭…………2 大碗

炸洋葱（参考第 72 页）、黑胡椒碎（根据口味添加）…………适量

做 法

1 胡萝卜削皮，和洋葱一起切碎。
2 生菜切成细丝，水煮蛋切成丁。咖喱块切成小块。
3 平底锅中倒入色拉油加热，放入①和蒜泥翻炒至变软，加入绞肉继续炒，绞肉变色后马上加入 A，煮沸后放入咖喱块煮到变稠。
4 将米饭盛在盘子中，铺上生菜，盛入③，再加上水煮蛋，根据喜好撒适量炸洋葱和黑胡椒碎。

模仿在餐馆吃过的干咖喱做的。

鸡蛋

猪肉泡菜蛋包饭

注定好吃的组合。肉片加泡菜做的蛋包饭，尝尝吧。
拍照的时候，摄影师 3 次提醒："用番茄酱看起来会更好看。"
抱歉，因为蛋黄酱搭配海苔丝实在太好吃了。

原 料（1人份）

猪五花肉片……………………40 克
白菜泡菜 ……………………50 克
色拉油…………………………适量
米饭 ………………………… 1 大碗

A
- 酱油 ……………… 1/2 大勺
- 番茄酱、味醂 ……………… 各 1 小勺
- 日式高汤味精……… 少许

B
- 鸡蛋（打散）…………1 个
- 牛奶 …………………… 1 大勺
- 蛋黄酱……………… 1/2 大勺

蛋黄酱、葱花、海苔丝… 适量

C
- 生菜、培根、黄瓜、樱桃番茄、牛油果（根据口味添加）………… 适量

做 法

1. 五花肉切成小片。泡菜切成细条。
2. 在平底锅中倒入 1/2 大勺色拉油加热，放入肉片翻炒至变色。依次加入泡菜和米饭继续翻炒，用 A 调味后盛盘。
3. 把平底锅洗一下，再加入 1/2 大勺色拉油加热。倒入搅打均匀的 B，用筷子大致搅拌一下，蛋液半熟后关火，盛在②上。
4. 挤适量蛋黄酱，撒些葱花和海苔丝。根据口味搭配上 C。

不想弄一手泡菜汁的话也可以不切。

顺便提醒一下，蔬菜都没有调味。

比想象的还要好吃！实在太好吃了，连续吃了 3 天。（maruru）

放了很多黄油来炒鸡蛋，在蛋包和热乎乎的米饭之间还夹了炸乳酪！味道超级浓郁，很好吃！（mi-fi）

蛋包盖饭

长期以来，在我的美食博客中最受欢迎的就是这道盖饭，
虽然还有很多更好吃的。
做鸡饭有点麻烦，于是就盛了白米饭，
加上拌了酱汁的鸡肉，很好吃呢！

很好吃。蘸面汁、英国辣酱油和番茄酱真是个奇妙的组合。用大碗盛着满满的米饭美美地吃完了。（aima）

原 料（1人份）

鸡腿肉……………………………50 克
盐、胡椒粉………………………少许
色拉油……………………………适量

A
- 番茄酱…………………2 大勺
- 蘸面汁… 略多于 1 大勺
- 英国辣酱油 ……… 1 大勺
- 砂糖 ………………… 1 小勺
- 水…………………… 1/2 杯

B
- 鸡蛋（打散）……… 1 个
- 水…………………… 1 大勺

米饭 ……………………………1 大碗
干欧芹……………………………少许

做 法

1. 把鸡腿肉切成小块，撒适量盐和胡椒粉。
2. 在平底锅中倒入 1 小勺色拉油加热，放入鸡肉翻炒，加入 A 煮至汤汁浓稠。
3. 另取一只平底锅，倒入 1/2 大勺色拉油加热，倒入搅打均匀的 B，用筷子大致搅拌一下，蛋液半熟后关火。
4. 把米饭盛入碗中，依次放入③和②，撒少许干欧芹。

用两个平底锅太麻烦了，把鸡肉盛出后将锅洗干净再煎蛋饼也没问题。

我会轻轻摇晃平底锅，让蛋饼靠近锅的边缘，然后翻转锅身，把蛋饼扣在米饭上。←明白了吗？

看到土豆时迟疑了一下，做了才发现很好吃！五花肉的香味加上土豆的甜味刚刚好。这道菜很省钱，适合发薪日前吃。（鸥）

太，太好吃了！已经成了我家经典的意大利面！（tibinui）

意大利面

土豆五花肉意大利面

这是一道非常受欢迎的意大利面。
酱油与面汤融合，加入焦黄的土豆和焦香的猪肉，是美味的关键。

原料（1人份）

土豆……1个

大蒜……1瓣

猪五花肉片……40克

意大利面……100克

盐……适量

橄榄油或色拉油……1/2大勺

胡椒粉……少许

A 砂糖、酱油……各1小勺
日式高汤味精……1/2小勺

干欧芹、黑胡椒碎……适量

> 请选用小土豆。

做法

1 把土豆洗干净，不用擦干，包上保鲜膜，用微波炉加热3～4分钟，去皮切片。大蒜切成薄片，五花肉切成方便食用的小片。

2 将意大利面放在加了盐的沸水中，比包装上标注的时间少煮1分钟，盛出。

3 平底锅中放入橄榄油和蒜片，小火加热后放入肉片翻炒。加入土豆片，两面煎至焦黄，撒少许盐和胡椒粉。

4 盛出一杯面汤倒入A中，混合均匀后加入意大利面中拌匀。

5 将意大利面盛盘，加入炒好的土豆和五花肉，撒少许干欧芹和黑胡椒碎。

> 煮面的时候开始炒。面汤不要倒掉。

> 也许会觉得汤太多了，不过为了不让面干干的，请多加些面汤。

那不勒斯风味肉末茄子意大利面

**怀旧的那不勒斯风味。其实我已经不记得小时候到底有没有吃过，好像说怀旧也不太确切……
美味的秘诀就是加一点牛奶。
如果觉得之前怎么都做不好的话，可以试试这个配方。**

原料（1人份）

小茄子……1个
盐……适量
意大利面……100克
猪绞肉或猪肉牛肉混合绞肉……70克
A
- 番茄酱……4大勺
- 英国辣酱油……1/2大勺
- 砂糖……1小勺
- 日式高汤味精、盐少许

牛奶……1大勺
番茄酱……少许
乳酪粉、干欧芹……适量

做法

1. 茄子切成圆片，用盐水泡一下。把意大利面放在加了盐的沸水中，按照包装袋上标注的时间煮熟。
2. 加热平底锅，不用倒油，放入绞肉翻炒至变色，加入沥干水的茄子炒软。加入意大利面和A炒匀，再加入牛奶。关火，试尝一下味道后加适量番茄酱。
3. 盛盘，撒适量乳酪粉和干欧芹。

2小勺盐加2杯水，这样的浓度即可。

也可以先把大蒜切碎炒一下，这样会更香，融入了大蒜的味道。

为了不让面变干，放入面后要尽快关火。

女儿和老公很快就吃完了。很好吃！（ma-ti）

连不太喜欢吃意大利料理的老公也说好吃。（ti）

番茄酱金枪鱼冷意大利面

**简称番茄意面。没有用橄榄油、柠檬和盐调味，是加了酱油和砂糖的日式意大利面。很对妈妈们的口味。
（是孩子们吧！妈妈们基本上什么都吃。）**

原料（1人份）

洋葱……1/8个
番茄……1/2个
紫苏叶……2片
A
- 酱油、醋……各1大勺
- 砂糖……1/2大勺

金枪鱼罐头……1/2罐
意大利面……100克
盐……适量
黑胡椒碎（根据口味添加）……适量

做法

1. 洋葱切末，番茄去蒂、切丁，紫苏叶切成细条。
2. 把洋葱末倒入A中，放入冰箱冷藏15分钟，然后加入番茄和沥干的金枪鱼。
3. 将意大利面放在加了盐的沸水中，按照包装袋上标注的时间煮熟，用水冲凉后沥干，放入②中拌匀。
4. 盛盘，加入紫苏叶，根据个人口味撒少许黑胡椒碎。

怕切生洋葱辣眼睛的话可以放入微波炉里加热1分钟再切。

动作要快一点。

吃了一半，我又加了蛋黄酱当作意面沙拉吃。一道菜，两种美味。（hi）

很爽口，味道刚刚好。是我家的夏季保留菜式。（koma）

釜玉培根鸡蛋乌冬

做法超简单。把蛋液和乳酪放入碗中，然后加入热腾腾的乌冬面拌匀即可。
热的乌冬面会让蛋液变成半熟状态。
没有加鲜奶油或者牛奶，而是蛋黄酱和大蒜味的。
请一定要试一试。

孩子们都高兴地说很好吃！我和老公也觉得好吃，吃了不少。女儿说还要一碗，可是已经吃光了。（知惠）

很容易做，味道也刚刚好。太满意了！（az）

原料（1人份）

- 培根……1 片
- A
  - 鸡蛋（打散）……1 个
  - 乳酪粉、蛋黄酱……各 1 大勺
  - 蒜泥……少许
  - 日式高汤味精……1/2 小勺
- 冷冻乌冬面……1 份
- 黑胡椒碎、葱花……适量
- 蘸面汁（2 倍浓缩，根据口味添加）……少许

做法

1. 把培根切成细条。
2. 把 A 倒入碗中拌匀。
3. 将乌冬面和①煮熟，捞出后趁热倒入②中拌匀，撒适量黑胡椒碎和葱花，再根据口味加入蘸面汁。

本想把培根加蒜末炒一下，不过又不想再另起一口锅，所以就凑合着煮了。呜哇～

葱香芝麻油乌冬

只需要拌一下就做好了。
被问到“这是什么”时，常常不知道该怎么回答。

原 料（1人份）

A
- 酱油…………略少于1大勺
- 蚝油、醋、味醂…………各1/2小勺
- 砂糖…………1小撮
- 日式高汤味精…………少许
- 蒜泥、姜末（根据口味添加）…………少许

- 芝麻油…………1大勺
- 冷冻乌冬面…………1份
- 葱花、炒白芝麻…………适量
- 溏心蛋（根据口味添加）……1个

做 法

1 把A倒入碗中混合，加入芝麻油拌匀。

2 乌冬面煮熟后捞起，趁热倒入①中。根据自己的喜好加溏心蛋，撒些葱花和白芝麻。

也可以加点醋。如果觉得味道太浓，可以加些面汤。

太好吃了！而且绝对不会失败。 (rio)

生病了，病症就是觉得一碗乌冬面不够吃。好想再吃一碗哦…… (gobou)

卷心菜鱼糕鳕鱼子蛋黄酱炒乌冬

一道居酒屋风味的乌冬面。
炒过的乌冬面拌上鳕鱼子和蛋黄酱。
鱼糕、卷心菜、鳕鱼子、蛋黄酱和海苔丝，
省略其中一种也可以。

原 料（1人份）

- 冷冻乌冬面…………1份
- 卷心菜叶…………2片
- 圆筒鱼糕…………1块
- 鳕鱼子…………1/2份
- 蛋黄酱…………2大勺
- 色拉油…………1/2大勺
- 酱油…………少许
- 海苔丝…………适量

做 法

1 乌冬煮熟后捞出。卷心菜撕成小片，圆筒鱼糕切成圆片。

2 去除鳕鱼子外包裹的薄膜，加入蛋黄酱拌匀。

3 平底锅中倒入色拉油加热，放入卷心菜和圆筒鱼糕翻炒。鱼糕表面变得香脆后加入乌冬面快炒一下，关火。将炒好的面倒入②中拌匀，试尝一下味道后加酱油调味。

4 盛盘，加些海苔丝。

炒乌冬面时很容易粘锅，不过不用担心，可以关火后再加入鳕鱼子和蛋黄酱拌匀。

今天中午做了这道乌冬面，我和女儿两个人吃。超好吃！鳕鱼子和蛋黄酱真是绝配啊！（掌声）

呀！真好吃啊！还会再做的～ (moo)

recipe column 3

三明治

看到三明治的照片就很开心。
有3道很想推荐给大家，特别是那道洋葱味的。（不能选别的吗？）

热乎乎的厚蛋烧三明治

如果是薄片吐司就不用切了，用2片即可。

原 料（1人份）

吐司（厚片）……………………1片
黄油或人造黄油、色拉油、蛋黄酱……………………适量
鸡蛋……………………2个
A
- 牛奶……………………2大勺
- 砂糖……………………1/2大勺
- 盐……………………少许

做 法

1 把吐司剖成2片，烤一下，单面抹黄油。
2 将鸡蛋打在碗中，加入A搅打均匀。在煎蛋锅倒入色拉油加热，倒入蛋液，用筷子搅拌一下，煎至半熟后对折。关火，利用余热将蛋煎熟。
3 在①上抹适量蛋黄酱，夹入②，切成4等份。

我自己吃了一份。（大口大口地吃完了。）

洋葱乳酪三明治

原 料（1人份）

洋葱……………………1/2个
色拉油……………………1小勺
A
- 蛋黄酱………略少于1大勺
- 盐……………………少许

吐司（厚片）、乳酪片……………………各1片

用2片薄片吐司也可以。

做 法

1 洋葱切末。在平底锅中倒入色拉油加热，放入洋葱炒软，加入A拌匀。
2 吐司剖成2片，夹入①和乳酪，放入烤箱烤至金黄色，然后对半切开。

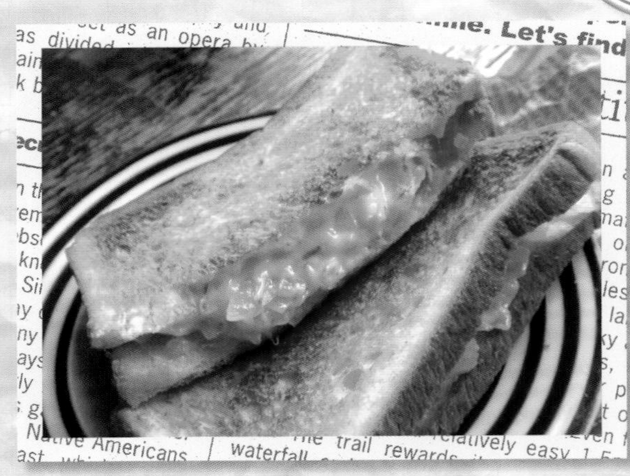

奶汁南瓜火腿乳酪松饼

原 料（1人份）

南瓜……………………1/8个
英式松饼……………………1个
奶油白酱（参考右侧做法）………1/2份
火腿、乳酪片……………………各1片
干欧芹……………………少许

做 法

1 把南瓜切成小块，放在耐热容器中，松松地盖上保鲜膜用微波炉加热4～5分钟，轻轻压碎。
2 松饼剖开，其中一片依次放上1/3的奶油白酱、火腿、1/3奶油白酱、①、剩下的奶油白酱和乳酪片，盖上另一片松饼，放入烤箱烤至金黄色。出炉后撒些干欧芹。

加热过程中可能会沸腾，请用大一些的容器。不，要再大一些才好。

奶油白酱冷了之后很快就会变黏稠，所以动作要快一些。

奶油白酱

原 料（容易制作的用量）

A
- 黄油或人造黄油……………略多于1大勺
- 小麦粉……………………2大勺

牛奶……………………1½杯
B
- 日式高汤味精、盐、胡椒粉……………………少许

做 法

1 把A放入耐热容器中，不用盖保鲜膜，用微波炉加热1分钟。
2 加入牛奶，一边加一边用打蛋器搅拌均匀。
3 放回微波炉加热3～4分钟后取出搅拌。如此重复3～4次，然后用B调味。

沙拉

买了太多种沙拉酱，总是用不完，
其实用家里现成的调味料就可以做出好吃的沙拉了。

和风水菜培根蒜香芝麻沙拉

原 料（2人份）

水菜……………………………1 小把
大蒜…………………………………1 瓣
培根…………………………………1 片
色拉油或橄榄油……………1 大勺
蘸面汁…………………………2 大勺
炒白芝麻…………………………适量

做 法

1 水菜切成方便食用的小段，装盘。
2 大蒜切成薄片。培根切成细条。
3 平底锅中放入色拉油和蒜片，开火。蒜片稍微变色后加入培根，炒至焦黄后关火，加入蘸面汁，趁热倒入①中，撒适量芝麻。

倒入蘸面汁时，可能会飞溅出来，要小心。

蔬菜×火腿彩色沙拉

原 料（2人份）

火腿…………………………………2 片
黄瓜、胡萝卜……………各 1/2 根
洋葱…………………………………1/4 个
色拉油或橄榄油……………1 小勺
A 芥末籽酱……略少于 1 大勺
A 砂糖………………………………1 小勺
A 盐……………………………………1/4 小勺

做 法

1 火腿和黄瓜切成细丝。
2 胡萝卜去皮、切成细丝，洋葱切成薄片。将这两种蔬菜放入耐热容器中，倒入色拉油，松松地盖上保鲜膜，用微波炉加热 1 分 30 秒～2 分钟。
3 混合①和②，加入 A 拌匀。

倒入油加热一下，蔬菜的颜色会更鲜亮。

番茄肉末卷心菜沙拉

原 料（2人份）

卷心菜叶…………………2～3 片
牛油果、番茄……………各 1/2 个
猪肉牛肉混合绞肉…………50 克
A 酒、酱油、味醂、味噌……………………各 1/2 大勺
A 砂糖…………………………1 小勺
色拉油…………………………1/2 大勺
鸡蛋……………………………………1 个
蛋黄酱、乳酪粉…………………适量
黑胡椒碎、烤过的吐司（根据口味添加）…………………………适量

做 法

1 卷心菜叶切丝。牛油果去核去皮，切成薄片。番茄去蒂切丁。
2 加热平底锅，不用倒油，放入绞肉翻炒变色后马上加入 A，炒至水分蒸发。
3 另取一口平底锅倒入色拉油加热，打入鸡蛋，煎成荷包蛋。
4 盘子中依次盛入①、②和③，挤适量蛋黄酱。根据口味撒一些乳酪粉和黑胡椒碎，搭配上吐司。

也可以直接用 1/3 份常备的肉末（参考第 44 页）。

绞肉和卷心菜叶不停地从叉子上往下掉。吃起来有点难度。

笑一笑 column 4

当红女演员食谱

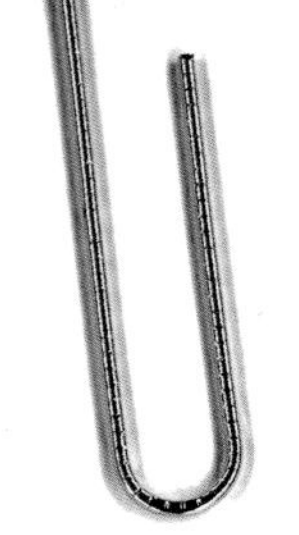

炸豆腐夹肉馅

原 料 (2人份)

葱……1/4 根
紫苏叶……2 片
猪肉牛肉混合绞肉……100 克
A 酒……1 大勺
A 味噌……1/2 大勺
A 土豆淀粉……1 小勺
炸豆腐……2 片
色拉油……1 小勺
黄芥末酱、白萝卜泥、酱油或橙醋（根据口味添加）……适量

做 法

1 绫香："啊，肉馅啊，到我这里来吧！"

导演：Cut！！！……不行不行。完全没有理解情境。

把葱切成末，紫苏叶切成细丝，到这里还可以。

然后，在绞肉中加入葱末和 A 搅拌。

这时的台词、说法、眼神，还有手指动作，都是什么啊！

完全不符合炸豆腐的心情嘛！

绫香："啊，肉馅啊……"

导演：唉——，算了。完全不行。你只是像块炸豆腐而已。回家去吧！

————回家的路上————

2 没有我演不了的角色……

海伦·凯勒、狼女、公主这些人物都可以演。

可是却……演不了……，演不了炸豆腐……

被斜切成两半时，炸豆腐是什么感觉呢？

那些台词是真心话吗？

……对啊，可以试试，今后就试着像炸豆腐一样生活。

3 先把肉馅夹住，然后被放在加了色拉油、烧热了的平底锅中。

烫……太烫了……要变焦了……

翻面！！……翻过来了，太棒了。可是肉馅好像还没熟。

这也太可怜了吧……

这种心情……就是炸豆腐的爱啊……

可以的，我可以成为炸豆腐的！！

4 倒入深度相当于炸豆腐 1/3 的水，煮到水分蒸发吧！

叮咚——

哎呀！肉馅漏出来了！不压回去的话就会……又出来了！

5 放在盘子里，根据口味加点黄芥末酱、白萝卜泥、酱油或橙醋。

……做好了。现在可以发自内心地说出台词了！……导演——！

Q. 这什么？

A. 凌晨 4 点的紧张心情。

Part 5

好吃又好做的活力简餐

大家都喜欢的

实惠的明星食材

这部分食谱用的都是便宜又容易买到的食材，

比起“便宜又好吃”，
我更倾向于选择“好吃又便宜”。
什么，一样吗？如果一样的话那真不好意思。

不一味追求节俭，为了想吃而烹饪，才会开心。

- 鸡胸肉
- 鸡翅
- 猪碎肉
- 鸡蛋
- 豆腐
- 豆芽

我也想成为那种谦虚的人，
每天都默默地用心经营着家庭，不出风头。

那就先从外形开始吧，我去找找那件印有鸡翅图案的T恤。

会有人设计和销售这样的衣服吗？

这道食谱最厉害的地方就是放凉之后特别好吃。炸了一大堆，刚炸好时尝了一下，放凉之后又尝了一下……品尝到两种口感很开心。（mingzyu）

软嫩的炸鸡肉条

鸡胸肉可以做成不同形状，方便食用。
这道菜用到了我知道的各种让鸡胸肉变软嫩的方法。
例如，捶打、切花刀、用水、砂糖和生姜等腌一下。

一边捶打一边让鸡肉延展成条状。

原料（2人份）

- 鸡胸肉……1块
- A
  - 水……1大勺
  - 砂糖……1小勺
  - 盐……1小撮
- B
  - 酒、酱油……各1大勺
  - 蒜泥、姜末……各1/2小勺
- 土豆淀粉、煎炸油……适量
- 黑胡椒碎……少许
- 生菜……适量

做法

1. 鸡胸肉切成条状，在鸡肉上切出浅浅的格纹后捶打一下。用A腌10分钟，再加入B腌十几分钟。
2. 将土豆淀粉与黑胡椒碎混合，撒在鸡肉条上，把鸡肉条放入加热到170℃的油中炸熟。
3. 在餐盘中铺适量生菜，放入②。

很快就能炸好。

鸡肉水煮蛋牛油果沙拉

很像是一道咖啡馆简餐。
顺便说一下，旁边的那个贝果做得很失败，皱巴巴的。

全都是我喜欢的食材，试尝味道的时候就吃光了。 (ibufuzi)

原 料（2人份）

鸡胸肉……1/2 块
西蓝花、牛油果……各 1/2 个
水煮蛋……1 个
A
- 蛋黄酱……1～2 大勺
- 芥末籽酱……1 大勺
- 柠檬汁或醋……1/2 大勺
- 砂糖……1 小勺
- 蒜泥、盐、胡椒粉……少许

喜欢的面包……适量

做 法

1. 鸡肉煮熟后浸在汤中放凉，然后撕成小块。西蓝花掰成小朵后煮熟。牛油果去核去皮，切成小块。
2. 水煮蛋切成小块。
3. 在①中倒入混合均匀的 A 拌匀，再加入②轻轻拌一下。
4. 盛盘，搭配面包享用。

拌的时候蛋黄可能会碎，动作要轻一点。

煎蛋乳酪鸡胸肉

用日式调味料把鸡胸肉腌一下，裹上蛋衣煎熟。
一想到又做出了一道“新”菜式，就觉得很开心。

入口的瞬间感觉酥香诱人！肉质湿润多汁，儿子大口吃着，非常高兴。 (emily)

在鸡肉上切出花刀。对，就是那样，对。

原 料（2人份）

鸡胸肉……1 块
A
- 酱油……1 大勺
- 味醂……1/2 大勺
- 姜末……1/4 小勺

小麦粉、蛋黄酱、海苔丝……适量
色拉油……1 大勺
B
- 鸡蛋（打散）……1 个
- 乳酪粉……1 大勺
- 盐、胡椒粉……少许

生菜……适量

做 法

1. 鸡肉切块后捶打一下。用 A 腌 10 分钟，粘裹上小麦粉。
2. 在平底锅中倒入色拉油加热，把①放入混合均匀的 B 中裹匀，然后下锅煎至两面焦黄。
3. 在餐盘中铺上生菜，盛入②，挤一些蛋黄酱，点缀上海苔丝。

建议大家不要用白色的盘子。

煎鸡胸肉

强力推荐！把鸡胸肉切成薄片，腌过之后煎熟。
煎成金黄色，就看不出是鸡胸肉了。
（试吃人：分不清鸡胸肉和鸡腿肉的妈妈，还有喝醉了的姐姐。）

做好了！很好吃！老公和女儿也说好吃！ (pa-ru)

原 料（2人份）

鸡胸肉……1 块
A
- 酱油……2 大勺
- 砂糖……1½ 大勺
- 酒、味醂、洋葱泥、炒白芝麻……各 1 大勺
- 蚝油、芝麻油……各 1 小勺
- 蒜泥、姜末……各 1/4 小勺
- 豆瓣酱……1/2 小勺

色拉油……2 小勺
生菜……适量

也可以加 1 大勺苹果泥或者梨泥。

做 法

1. 把鸡胸肉斜切成片，两面都浅浅地切上花刀，捶打一下。
2. 把 A 倒入保鲜袋中混合均匀，放入①后冷藏至少 1 小时，让肉腌入味。
3. 在平底锅中倒入色拉油加热，把②双面煎成金黄色。
4. 在餐盘中铺上生菜，盛入鸡块。

要煎到酱汁收干，肉片变成金黄色。

鸡翅

我很不擅长煮带骨的肉，不过这道菜很容易做，而且很好吃。朋友尝了也说很棒！
(yoti)

清炖鸡翅根

照烧鸡翅很好吃，不过我这次做的是带汤汁的清淡口味。
把调味料倒入锅中煮就行了，很容易。
可以的话，最好煮 1 小时以上，
这样肉会更软烂，萝卜也完全炖软了。

请选用靠近叶子的部分。

原 料（2人份）

- 鸡翅根……………………6 根
- 白萝卜……………………1/2 根
- 色拉油……………………1 小勺
- A
  - 酒……………………1/4 杯
  - 酱油……………………2 大勺
  - 味醂……………………1 大勺
  - 日式高汤味精、砂糖……………………各 1 小勺
  - 水……………………2½ 杯
- 半熟蛋……………………2 个
- 萝卜苗……………………适量

做 法

1. 顺着骨头把鸡翅根切开一道口。白萝卜去皮，随意切块。
2. 在平底锅中倒入色拉油加热，放入鸡翅根煎成金黄色，加入白萝卜和 A，盖上锅盖小火煮 40 分钟。关火后放入半熟蛋，不时翻拌一下，不烫了即可盛出。
3. 温热的时候盛盘，把半熟蛋切开，点缀上萝卜苗。

不要让蛋熟透，关火之后再放入汤汁中。晾凉后就很入味了。

蒜香盐烧鸡翅根

鸡翅根不太好熟，所以不常做。
有一次突然想，把它切开煎不就行了吗？于是试了试。
结果很成功，只是样子看起来有点奇怪。
就像一只很粗犷的蝴蝶。（好恐怖的蝴蝶啊！）

用鸡精腌鸡肉，这人可真是……

原 料（2人份）

- 鸡翅根……………………4 根
- A
  - 蒜泥……………………1/4 小勺
  - 鸡精……………………1/2 小勺
  - 盐、胡椒粉……………………少许
  - 黑胡椒碎……………………适量
- 色拉油……………………2 小勺
- 生菜……………………适量

顺着骨头把肉切开、压平。

做 法

1. 顺着骨头把肉切开一道口，用 A 腌一下。
2. 在平底锅中倒入色拉油加热，放入鸡翅根小火煎至焦黄。
3. 在餐盘中铺上生菜，再盛入鸡翅根。

很快就煎好了！老公也很喜欢，以后还会再做的。看到做好后的鸡翅还是稍稍吓了一跳。
(mariring)

碎猪肉

炸碎猪肉

便宜又有满足感，
放凉后也很好吃。
面衣不要过度搅拌。

原料（2人份）

碎猪肉……………………200克
A 酱油、酒……………各1/2大勺
A 砂糖……………………1/2小勺
A 姜末……………………少许
B 小麦粉、土豆淀粉…各2大勺
B 盐、胡椒粉……………少许
B 水………………………4大勺
煎炸油、紫苏叶…………适量

做法

1. 猪肉用A腌10分钟，粘裹上搅拌均匀的B。
2. 在平底锅中倒入1厘米深的煎炸油，加热到170℃，把猪肉逐片展开，放入煎炸油中，炸至两面金黄。
3. 在餐盘中铺一片紫苏叶，盛盘。

肉片团成团儿也没关系，下锅后很快就能炸熟。

要沥干油。

感觉好像姜汁炸猪排，非常好吃！这道菜我会经常做的。（Hocha）

盐炒葱香猪肉

碎猪肉用砂糖腌一下会变得软嫩，
再裹上土豆淀粉，口感就更嫩了。
简单炒一下，大蒜和芝麻油的香味就让人垂涎欲滴了。

软软的黏乎乎的葱，滑嫩的肉片，还有芝麻油的香味……好吃！（tamani 松阪）

原料（1人份）

碎猪肉……………………100克
砂糖………………………1/2小勺
A 酒………………………1大勺
A 盐、胡椒粉……………少许
土豆淀粉…………………适量
葱…………………………1根
B 芝麻油…………………1大勺
B 大蒜（切片）…………1/2瓣
盐、胡椒粉………………少许
黑胡椒碎（根据口味添加）……适量

做法

1. 猪肉撒上砂糖静置10分钟。用A腌一下，再粘裹上土豆淀粉。葱斜切成段。
2. 平底锅中放入B开火，放入猪肉翻炒，用盐和胡椒粉调味。
3. 盛盘，根据口味撒适量黑胡椒碎。

嫌麻烦的话不加土豆淀粉也可以。

日式芥末籽酱炒肉

加入芥末籽酱味道很新鲜，
再加些蘸面汁和砂糖，
味道会变得更醇厚。

原料（1~2人份）

碎猪肉……………………150克
A 酒、盐、胡椒粉………少许
小麦粉……………………少许
洋葱………………………1/4个
色拉油……………………1小勺
B 蘸面汁…………………2大勺
B 芥末籽酱………略少于1大勺
B 砂糖……………………1小勺
喜欢的蔬菜………………适量

做法

1. 猪肉中加入A，再粘裹上小麦粉。洋葱切成薄片。
2. 在平底锅中倒入色拉油加热，放入猪肉翻炒变色后盛出。放入洋葱炒软，把猪肉倒回锅中翻炒。加入B炒匀。
3. 在盘子中放入自己喜欢的蔬菜，盛入②。

薄薄地裹一层小麦粉即可。

猪肉炒太久会变硬，所以要先盛出，炒完洋葱之后再回锅。为了少洗点餐具，可以直接用盛菜的盘子盛。

家里有一瓶快要过期的芥末籽酱，正发愁怎么用的时候，看到了这个食谱，帮了大忙。（niko）

鸡蛋

酥脆的土豆饼配软嫩的煎蛋，很棒的组合。连挑食的女儿也很喜欢，还说"要再做哦"！（美奈子☆柚☆杏）

土豆饼煎蛋

脆脆的土豆饼搭配软嫩的煎蛋，对，来摆个 pose。咔嚓！这就是土豆饼煎蛋的照片。

原 料（1份）

不喜欢吃的话也可以不放。

土豆……2个

A
- 乳酪粉……1大勺
- 盐……1/4大勺
- 胡椒粉……适量

色拉油……2大勺

蛋……1个

黑胡椒碎（根据口味添加）……少许

做 法

不必用水泡，土豆中的淀粉会让它们粘在一起。

1 土豆去皮切丝，加入A拌匀。

2 在平底锅中倒入色拉油加热，放入土豆丝铺平，用小火煎熟后翻面。把中间压扁一点，打入鸡蛋，小火煎到自己喜欢的熟度。

3 盛盘，根据口味撒适量黑胡椒碎。

炸熟之后很香甜。外皮酥脆，真的很好吃。（tomato）

塔塔酱虾仁春卷

脆脆的外皮包着弹牙的虾仁和软嫩的水煮蛋。如果有人觉得"虽然鸡蛋便宜，可是买了虾仁和春卷皮最后也没有节省开支啊"，那么回家的路上要小心哦。←我不是要和你打架，而是来道歉的。

原 料（5个）

水煮蛋……2个

洋葱……1/8个

A
- 蛋黄酱……2大勺
- 砂糖、醋…各1/2小勺
- 盐、胡椒粉……各少许

春卷皮……5张

虾仁……80克

稀面糊或水淀粉、煎炸油……适量

生菜……适量

很快就炸好了。

做 法

喜欢生洋葱的人可以省去加热这一步。

1 把水煮蛋和洋葱切碎，洋葱放入耐热容器中，松松地盖上保鲜膜，用微波炉加热1分钟。水煮蛋和洋葱加入A拌匀。

2 每张春卷皮上放1/5的①和虾仁，从一边开始卷起，最后抹少许稀面糊封好口。

3 在平底锅中倒入1厘米深的煎炸油，加热到170℃后放入春卷炸至金黄色。

4 在餐盘中铺入生菜，把春卷切成两半，盛盘。

豆腐

只需少许绞肉，就能做出一道味美量足的菜，我的钱包很开心！而且可以做成各种造型！（naobiti）

豆腐蒸肉

这道菜是我突发奇想做出来的。
只需把肉末放在豆腐上用微波炉加热即可。
一整块豆腐端出来，让人印象深刻。（好大一块！）

用绢豆腐做很容易裂。

原 料（2人份）

木棉豆腐……………………1 块
葱………1 小段（长 5 厘米）
A
- 猪绞肉……………60 克
- 酱油、土豆淀粉……………各 1 小勺
- 砂糖……………1/2 小勺
- 姜末……………1/4 小勺
- 日式高汤味精、盐……………………少许

白萝卜泥、橙醋………适量
萝卜苗……………………适量

做 法

1. 豆腐沥水，在中间挖一个浅浅的小坑。
2. 把葱切成末，加入 A 中充分混合，再加入挖出来的豆腐拌匀，放在①上。
3. 将整块豆腐放入耐热容器中，松松地盖上保鲜膜，用微波炉加热 6 ～ 8 分钟。出炉后加上白萝卜泥，点缀少许萝卜苗，淋上橙醋。

如果出水请先倒掉。

豆腐洋葱肉饼

不用准备鸡蛋、面包糠和小麦粉。
只需把食材拌在一起煎熟即可，非常受欢迎。
加入洋葱口感多汁，味道微甜。
※ 不要因为这道菜很健康，就拿给小婴儿吃哦。

用木棉豆腐也可以。只是口感会硬一些。

也可以用猪绞肉或猪肉牛肉混合绞肉。

原 料（4个）

绢豆腐……………………1/2 块
洋葱………………………1/2 个
A
- 鸡绞肉…………100 克
- 盐…………………1 小撮

日式高汤味精………1/2 小勺
色拉油……………………2 小勺
B
- 番茄酱、英国辣酱油、芥末籽酱‥各 1 小勺

C
- 葱花、白萝卜泥、橙醋……………………适量

生菜…………………………适量

做 法

1. 豆腐沥水。洋葱切末。
2. 把 A 充分搅拌均匀，加入①和日式高汤味精，捣碎并拌匀，分成 4 等份，捏成小圆饼。
3. 在平底锅中倒入色拉油加热，放入小圆饼煎成金黄色后翻面，转小火，倒入 1/4 杯水，半掩锅盖，煮到水分蒸发。
4. 在餐盘中铺几片生菜，盛盘。搭配混合均匀的 B 和 C 享用。

如果水分不见减少，可以打开锅盖，加快水分蒸发。

好吃！肉饼历史上最好做的食谱。会经常做的！（iko）

洋葱爽口水嫩，肉饼做好之后很柔软，我第一次吃到这样的豆腐肉饼。（zawa）

豆芽

乳酪培根炒豆芽

看似不值得一写的食谱，却是我经常做的一道小菜。用乳酪和酱油调味，味道很特别。豆芽脆嫩爽口。

原料（1人份）

- 培根……1片
- 色拉油……2小勺
- 豆芽……1/2袋
- 盐、胡椒粉……适量
- 酱油……1/2小勺
- 乳酪片……1片
- 葱花、黑胡椒碎（根据口味添加）……适量

做法

1. 把培根切成细条。
2. 在平底锅中倒入色拉油加热，放入①和豆芽翻炒，用盐和胡椒粉调味。倒入酱油，放入乳酪片，盖上锅盖，关火。
3. 乳酪融化后盛盘，根据口味撒些葱花和黑胡椒碎。

豆芽黄瓜拌金枪鱼

亮点是咸甜味的金枪鱼，让人停不下口。加不加辣椒油没有太大区别。请根据自己的口味添加。

原料（2人份）

- 金枪鱼罐头……1/2罐
- A 砂糖、酱油……各1小勺
- 黄瓜……1/2根
- 豆芽……1/2袋
- B
  - 蛋黄酱……2～3大勺
  - 炒白芝麻……1/2大勺
  - 日式高汤味精·1/2小勺
  - 辣椒油……少许

做法

1. 倒出一部分金枪鱼罐头中的罐头汁后加入A拌匀。黄瓜切丝，豆芽烫熟后控干水。
2. 在①中加入混合均匀的B拌匀。

简单又好吃，而且分量十足，是非常棒的配菜。爽口的豆芽吸收了金枪鱼的鲜美味道，让人无法抗拒。（kyong）

豆芽肉片八宝菜

不必准备章鱼、虾、木耳之类的食材，用容易买到的原料即可。猪肉预先腌一下很关键。搭配米饭做成中式盖饭也很美味。猪肉、白菜、胡萝卜、蟹味菇、豆芽和鹌鹑蛋……嗯，还是叫六宝菜吧。

原 料（2人份）

碎猪肉……………………70 克
A［姜末、盐、酒……少许
蟹味菇…………………1/3 包
白菜……………………1/8 个
胡萝卜
　………1 小段（长 3 厘米）
生姜……………………1/2 片
色拉油…………………1 大勺
豆芽……………………1/2 袋
B
　酒……………………2 大勺
　酱油…………………1/2 大勺
　中式高汤味精或鸡精
　　……………………2 小勺
　蚝油、砂糖··各 1 小勺
　胡椒粉………………少许
　水……………………¾ 杯
煮鹌鹑蛋…………………6 个
C
　土豆淀粉………1 大勺
　水………………2 大勺

如果用的是软管装的姜泥，只要挤一下就够了。

做 法

1 将猪肉切成方便食用的细条，加入 A 腌一下。蟹味菇去根。白菜切片。
2 胡萝卜去皮，切成扇形片。生姜切末。
3 在平底锅中倒入色拉油加热，放入猪肉翻炒变色后盛出。加入②和白菜帮，炒熟后再加入蟹味菇、豆芽、白菜叶和猪肉继续翻炒。
4 倒入 B，加入鹌鹑蛋煮 2 ~ 3 分钟。用搅拌均匀的 C 勾芡。

请酌情调节水淀粉的用量。

我喜欢把鹌鹑蛋留到最后吃。

简单 × 美味 × 大量蔬菜 = 料理王！加了姜提味，好吃得停不下口。　（meg）

太好吃了，从早餐开始一直在吃猪肉。　（poko）

超级好吃！！喜出望外。（笑）　（蕾梦 -raimu）

肉片豆芽味噌炒杂菜

我觉得，这道菜可以入选特别推荐的前 5 名了。加了味噌和牛奶之后，蔬菜炒肉的味道变得有点像长崎什锦面，非常浓厚。碎猪肉直接下锅了，炒的时候才发现还有没完全切开的……

选用五花肉更好吃。

原 料（2人份）

碎猪肉……………………100 克
A
　酒……………………1 大勺
　蒜泥、姜末、盐、
　　胡椒粉…………少许
土豆淀粉…………………适量
卷心菜叶…………………3 片
色拉油……………………1 大勺
豆芽………………………1/2 袋
B
　牛奶、水……各 1/4 杯
　鸡精…………………1 大勺
　砂糖、味噌
　　……………各 1 小勺
　胡椒粉………………少许
黑胡椒碎…………………少许

做 法

1 猪肉用 A 腌一下，加入土豆淀粉抓匀。把卷心菜叶撕成小片。
2 在平底锅中倒入色拉油加热，放入猪肉翻炒至变色，下入卷心菜和豆芽继续炒。加入 B 煮到汤汁变稠。
3 盛盘，撒少许黑胡椒碎。

其实加少许胡椒粉是关键。预先将 B 混合均匀做的时候才不会太忙乱。

与烹饪无关的

受欢迎的生活点滴

我的微博以烹饪为主，但还是会加入一些生活记录。
这些内容没什么重要意义，都是一些琐事，可以在无事可做的时候看看打发时间。

清子和棒球

清子是我的祖母，今年93岁。这是我未出嫁时的一次对话。希望她长寿。

清子很喜欢看棒球。还是巨人队的忠实粉丝。经常可以听到清子在房间里喊“打得好”或者“给老奶奶我来个本垒打吧”。（尽提些过分的要求。）

某个星期六
清子：奶奶我不想当巨人队的粉丝了。

啊——！现在——！
到了91岁突然转去支持别的棒球队，这是怎么回事啊！

清子：因为即使巨人队赢了，对奶奶我也没什么好处啊。

什么，这理由，奶奶您好调皮啊！
不管哪支球队赢，您也没有什么好处吧。

清子：奶奶我打算支持阪神队。它可是本地球队。

说得好像是在别处住了91年最近才搬过来似的。

清子：要是阪神队赢了，去买东西的时候会有优惠活动吧。

什么都不会有啦。
就算是有优惠活动，对巨人球迷来说也是一样的啊！

清子和味噌汤

最近，清子在味噌汤里加了些不明所以的新食材。
此前已经加过以下这些了，

- ………前一天吃剩的沙拉
- ……前一天吃剩的天妇罗
- …前一天吃剩的盐烧鲭鱼

你猜今天会有什么呢？
偷偷看了一下锅，哦，那个。

发现了家里熟悉的东西。
比如可爱的点心。
好发愁。

帮帮忙，我看不懂时髦的词

写这段文字时，我不禁感叹：“竟然还能这样描写时尚！”印象最深的一句话就是“请选择轻tra风吧！”意思好像是轻复古风。

能想出时尚杂志中的文章标题的人真厉害。
就拿那张皮衣配T恤的照片来说吧，
“☆轻复古风的当季黑色风格”，要是让我说说对这张照片的想法，大概只会说“皮衣配T恤”吧。

下面是一些摘自《Spring》11月刊的评论

☆以黑色连衣裙为主打，给流行趋势定调。
☆全黑搭配可不经意地点缀些蓝色。
☆皮革×针织衫，最佳拍档就诞生了！
☆靛蓝色牛仔裤融入黑色世界亦可。

最近经常听到“mannish”这个词，我不太明白。好像是指男性化的打扮吧。
“☆腰部褶皱可以遮挡住小肚子，搭配紧身下装比较有平衡感。”
紧身的下装！！

“☆建议选择应季的toraddo或者preppy coordinate。换掉cropped裤子。”
哇——这些都是什么意思啊？
老实说我只看懂了“当季”和“裤子”这两个词。

“☆直线条的剪裁和秋季色系的搭配brush up了经典！”
呀，好可惜。看不懂后半句。
把经典怎么样了，看不明白。

“☆innocent的表情很符合整体风格。”
这是什么样的表情呀！
换个表情就不符合了吗？

然后……
就该为能把衣服循环搭配一个月不重样的充实生活举杯了。

总是记不住别人的名字

我觉得记不住人名这个问题很麻烦，一些琐碎小事不记得也就算了，但第一重要的名字也记不住可实在不应该。孩子就要上幼儿园了，我已经开始担心了……

虽然很失礼，可我真的记不住别人的名字。
啊……那是，谁呢。
是铃木先生吗？还是棒球手麦吉尔（Mark McGwire）？

别人的名字最好只问一次，好像有这样的礼节吧。
所以我非常头痛。
在居酒屋工作时，虽然已经努力在本子上做了记录：
“头发干枯。粉红色衣服。热酒→山下先生。”
可之后发现有好几个这样的人！！！
还有，匆匆地画了草图，结果当本人真的出现在眼前时却完全认不出来。总是这样。

在广告公司招聘业务员时，最多的1天要面试30个新人，结束时候选人的长相和名字都忘光光了。（这样的人业绩会好吗？）

都是模模糊糊的，没有清晰的印象。
非常模糊。
近似于没记住的那种模糊。
与其说模糊，不如说没记住吧。
（这时怎么不吹牛了呢？）

看电视的时候，我曾尝试按外在特征来帮助记忆，比如“戴圆眼镜的木村”，不过结果常常是只记得“戴圆眼镜”。
那是戴圆眼镜的日高先生吗？还是留胡子的日高先生。胡子日高。胡子，胡子……呀，这样反而记住了。

以前有个人做自我介绍时微笑着说：“我叫坂上友二。记不住的话问我多少次都可以。”他给我留下了相当深刻的印象，实在太让人感动了。我打算今后也这么介绍。
我问了3次呢！（性格太好了吧！）

关于折纸书

折纸书上的图样我基本上都折不出来，可能是我的理解能力太差了吧。
“山折”、“谷折”要怎么折？“打开”是什么意思？
完全不明白。
要怎样“把③变成④”也弄不明白。

写折纸书的人一定花了不少工夫吧。
“社长，不行不行！这里用图画无法说明啊（笑）！”
“但那可是你的工作。”
“那么，就请拿着纸这样展开……停！还是照原样描述吧！”
“唉——我有点儿忙……上原——！来这里帮下忙！”
大概是这种情景吧。
（开始想象折纸书制作人的办公室了。）

关于扫除

刚搬进新家的时候，就想着一定要好好保持整洁，决心每天打扫，每个细小的角落都要打扫干净。
这样就不需要大扫除了。
另外，还想记录下每天打扫过哪些地方。例如，某天开始打扫后记下“换气扇”，一圈下来就打扫完了。从换气扇开始，到换气扇结束。（说得好像房间里有很多东西似的。）
这些不是为了别人，而是为了自己，由自己定下的规矩是最容易被打破的吧。（失败的人！）

后来，房间很快就变乱了，于是把笔、指甲刀、挖耳勺这些常用的东西放在带盖的盒子里，笔记本、地图或常看的杂志会先竖放在收纳盒里然后放在桌子上……乍看起来好像还挺有条理。

不过，常用的东西慢慢多起来了。
于是就从先前的那个盒子里拿出些没那么常用的东西，搁在储物架上。如果继续多起来呢？就从先前那个盒子里挑出比较常用的东西，再做个收纳超常用物品的盒子吧……
可是，如果里面有使用更频繁的东西，也不能再细分了，那样盒子就太多了。

遥控器也是，做了一个遥控器收纳盒，却从来没有放进去过。
顺便说一下，就在今天，
临时又做了第四个收纳盒……

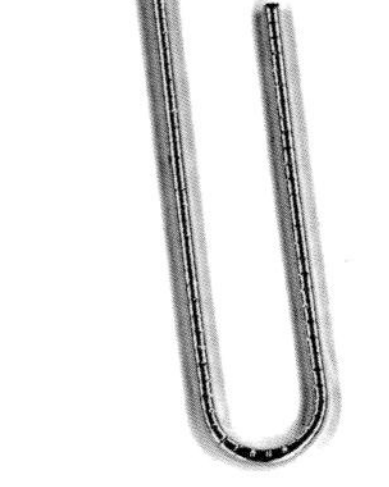

笑一笑
column
5

献给寻找适合自己的东西的你 心理测试食谱

深层剖析你的性格，给你最恰当的建议。
以下5个问题各有3个选项，请凭直觉选择。
最后在表格里找到选项对应的分数，根据综合得分导出结论。

1 小兔子在发抖。为什么？
- 很寂寞⇒a
- 胡萝卜不好吃⇒b
- 报名参加和乌龟的800米赛跑⇒c

2 有一位老爷爷。在烦恼什么？
- 老奶奶更厉害⇒a
- 脑子快短路了⇒b
- 那顶针织帽子不合适⇒c

3 我辈是（①）。还没有（②）
- ①猫/②名字⇒a
- ①正义的英雄/②知名度⇒b
- ①桃太郎/②出身的问题⇒c

4 想看到什么？
- 妖精⇒a
- 从宇宙看地球⇒b
- 像文鸟一样的中年男人⇒c

5 爸爸给了我（ ）
- 单簧管⇒a
- 寿司折扣券⇒b
- 动画电影⇒c

得分

	a	b	c	
问题①	1分	2分	3分	合计
问题②	3分	2分	0分	
问题③	2分	3分	4分	
问题④	2分	1分	4分	
问题⑤	1分	3分	2分	分

结果
- 合计7分以下⇒A
- 合计8～12分⇒B
- 合计13分以上⇒C

结论 A 推荐自制干欧芹
很朴素，也很精致。虽然不显眼，但却有一种没它不行的存在感。

结论 B 自制面包丁最适合
很有个性且很受欢迎，喜欢的人会非常喜欢，但不宜存放太长时间。

结论 C 当然是炸洋葱
很有存在感，连其他东西也变得美味了，只不过做起来有点麻烦。

结论 A 自制干欧芹

原 料（容易制作的用量）

新鲜欧芹……1袋

做 法

1 把厨房纸铺在耐热容器中，用手撕碎欧芹的叶子，散放在容器中。
2 不用盖保鲜膜，用微波炉加热2分30秒～3分30秒，然后用手搓碎即可。

稍稍静置一下等欧芹变脆了再用手搓碎。如果觉得还有点湿，请再加热一下。

保存方法：放入密封罐中
保存期限：冷藏可保存2～3个月

结论 B 自制面包丁

原 料（容易制作的用量）

吐司……1/2片
蒜泥……1/4小勺
A 色拉油或橄榄油……1大勺
A 盐……少许
A 干欧芹……适量

做 法

1 在吐司上抹适量蒜泥，切成1厘米见方的小块，刷上A。
2 放入微波炉加热2～3分钟。

可以再撒些乳酪粉或大蒜粉。要是受了潮，再用微波炉加热一下即可重新变得香脆。

保存方法：放入密封罐中
保存期限：冷冻可保存1～2个月

结论 C 炸洋葱

原 料（容易制作的用量）

洋葱……1/4个
A 小麦粉……1大勺
A 盐……少许
煎炸油……适量

做 法

1 将洋葱切成薄片。
2 用厨房纸吸干水分，放入耐热容器中，用微波炉加热1分钟。
3 重复一次②，然后用厨房纸吸干水分。和A一起装入保鲜袋中混合均匀。
4 在平底锅中倒入1～2厘米深的煎炸油，预热至160℃，放入洋葱炸成金黄色。捞出沥干，用厨房纸吸去表面的油。

放凉后会变得很酥脆。

保存方法：放入密封罐中
保存期限：冷藏可保存一周

※关于该心理测试的原理问题，我们一概不作答。

可以快速上桌的

3步即可完成的小菜

我老公几乎每天都会喝点酒。
所以我每天都要准备些小菜。

比如说鱼糕什么的。 切一点就行了。

这部分介绍的与其说是下酒菜，不如说是很方便的小菜，
适合想临时再加一道菜的时候做，

例如，油淋鸡等。 好大的一块肉。

这部分包括了和式、西式、中式、亚洲风味4类美食，
尽量不偏不倚。

虽是这么说，不过因为没有用到八角、鱼露、越南鱼酱和香草盐等
少见的调味料，所以分类依据很模糊，只能说是泛亚洲风味。

嗯，好像都是孩子们喜欢吃的东西，
不喝酒的人也可以尝尝。

中华风味小吃

油淋鸡

炸得酥脆的鸡腿肉，淋上加了葱花的调味汁，是大家必点的小菜。不喜欢吃生葱的话，可以把葱花放入微波炉加热一下。当然，生吃也完全没问题，或许生的更好吃呢。（太啰嗦了！）

原料（2人份）

鸡腿肉……………………………………1块

A ┌盐、胡椒粉………………………少许
  └酒……………………………………1小勺

土豆淀粉、煎炸油、黄瓜、生菜
……………………………………………适量

B ┌葱（切葱花）……………………1/3根
  │砂糖、酱油、醋…………各2大勺
  │水……………………………………1大勺
  └姜末、蒜泥、芝麻油……各1小勺

黑胡椒碎（根据口味添加）…………适量

做法

1 把鸡肉厚的部分片开，保持整块厚薄一致。表面抹上A，再裹上土豆淀粉。在平底锅中倒入深约1厘米的煎炸油，预热至170℃。把鸡肉带皮的一面朝下放入锅中，炸至金黄色后翻面，小火慢慢炸熟，切成方便食用的小块。

2 把B放入耐热容器中混合均匀，松松地盖上保鲜膜，用微波炉加热1分钟。

3 黄瓜切丝，生菜撕开，铺在餐盘中。把①码放在盘子里，淋上②，最后根据口味撒少许黑胡椒碎。

大概要炸10分钟。把油沥干后要稍微晾一下再切开，因为马上切的话会流出油来。

酥脆无比！鸡肉和用微波炉加热过的调味汁搭配非常美味。山本小姐，这道菜很棒哦！家里的男人都吃得饱饱的，还要求再做呢！（non）

虾仁天妇罗

以前做天妇罗都炸得不太好，最近攻克了这个难题。
虽然炸得不是很酥脆，不过这样也别有特色。（解决了精神层面的问题，而非技术上的问题！）

按照这个配方做了好几次，虾仁表面很酥脆！也可以用这个配方做各种天妇罗的面衣！（sadoe）

原 料（2人份）

- 虾仁……………………200 克
- 盐、煎炸油………………适量
- 胡椒粉……………………少许
- A 蛋清……………………1 个
- A 水………………………2 大勺
- B 土豆淀粉………………2 大勺
- B 小麦粉…………………1 大勺
- 花椒、黑胡椒碎（根据口味添加）……………适量

做 法

1 虾仁从背部切开，剔除虾线，撒上盐和胡椒粉。
2 把 A 混合均匀，加入 B 搅拌一下。
3 在平底锅中倒入深 1 厘米的煎炸油，预热至 170℃，将①蘸裹上②之后炸熟。盛盘，根据口味用盐、花椒、黑胡椒碎调味。

粉类原料没有完全搅拌开也没关系，应该说无须完全拌匀。

为了让口感更酥脆，请尽量沥干油。

这些食材一年四季都能买到，做法容易，还很健康。夏天搭配豆腐或挂面应该也很好吃！（spica）

裙带菜黄瓜番茄中式沙拉

这是一道清爽简单的沙拉。
调味汁是用橙醋、芝麻油和砂糖调制的，
特别适合搭配豆腐沙拉等清爽的沙拉。

如果有新鲜裙带菜就用新鲜的。

原 料（1人份）

- 干裙带菜……………………1 小勺
- 番茄…………………………1/2 个
- 黄瓜…………………………1/2 根
- A 橙醋……………………2 大勺
- A 芝麻油…………………1 小勺
- A 砂糖……………………1/2 小勺
- 葱白（切丝）………………适量

做 法

1 裙带菜用水泡开后控干。
2 番茄去蒂，切成小块。黄瓜外皮削成条纹状，切成厚片。
3 混合①和②，用 A 拌匀，盛盘后放上葱白。

切成这样的细丝颇费精神，简单切一切也可以。

一口一个的卷心菜棒饺子

包了很多卷心菜，是一道很清爽的饺子。
虽说叫作“棒饺子”，不过看起来不像棒子，更像是枕头。
（与其叫枕头饺子还是叫棒饺子吧！）

原 料（20个）

- 卷心菜叶……………………5 片
- 盐……………………………1/4 小勺
- A 猪绞肉…………………120 克
- A 水、土豆淀粉……各 1 大勺
- A 酱油……………………1 小勺
- A 日式高汤味精、砂糖、芝麻油………各 1/2 小勺
- 饺子皮………………………20 张
- 色拉油………………………1 大勺
- 新鲜平叶欧芹………………适量

做 法

1 把卷心菜叶切碎，撒上盐，变软之后挤去水分，加入 A 中充分拌匀，分成 20 等份用饺子皮包好。
2 在平底锅中倒入色拉油，加热后并排放入饺子，用中小火煎熟。
3 盛盘，点缀上新鲜平叶欧芹。

把馅放在饺子皮中央，包起来后在饺子皮边缘抹少许水，用力捏一下就做好了。

欧芹用在中餐里，感觉怪怪的。

很好吃，当作便当很合适。原料简单，还很节约开支！（suzu）

和风小吃

烤大葱

大葱表面烤得香喷喷的，内芯黏软。
大概是葱的最佳做法了吧！
用平底锅煎也可以。

美味！这就是大葱的终极吃法。没想到大葱也可以这么清甜好吃！
（身体交流专家 小山优羽子）

原 料（2人份）

大葱 ………………………… 1根
A［芝麻油 ………………… 1小勺
　 盐 ……………………… 少许
酱油、木鱼花 ……………… 适量

做 法

1 大葱切成4厘米长的段，放在锡纸上，淋上A。

大概需要烤7～10分钟。

2 放入烤箱烤至焦黄色。

已经加了盐，少倒点酱油就可以了。

3 盛盘，淋适量酱油，撒上木鱼花。

黄油酱油煎魔芋

我觉得好像被魔芋的味道包围了。
这道菜虽然有点麻烦，不过味道很特别。
淋上酱油，煎成焦黄色，让人不禁爱上魔芋。

原 料（2人份）

魔芋 ………………………… 1块
土豆淀粉、葱花、炒白芝麻 ……………… 适量
黄油或人造黄油 ……… 1大勺
A［酱油 ………………… 1大勺
　 味醂 ………………… 1小勺

从此爱上了魔芋！加入黄油和酱油，煎得香喷喷的，勾起了我的食欲。吃着它，酒也喝了不少，太适合晚上小酌了！（abong）

做 法

1 把魔芋切成薄片，再切出格子状花刀。放入锅中煮3～4分钟，撇去浮沫，沥干后裹上土豆淀粉。

不想撇浮沫的话也可以省略这一步。

2 平底锅中放入黄油，加热后把魔芋两面煎成焦黄色，加入A。

3 盛盘，撒上葱花和芝麻。

煎成焦黄色要花很长时间。

蘸面汁酱油腌蛋黄

**用酱油腌蛋黄，口感黏软，风味浓厚，
很适合当下酒菜，
搭配米饭也很好吃。**

原 料（2个）

蛋黄 …………………………… 2个

A［蘸面汁（2倍浓缩）、酱油 …………………… 各1大勺

紫苏叶（根据口味搭配）…… 2片

做 法

1 把蛋黄放在小碗中，倒入A后盖上保鲜膜。

2 在冰箱冷藏至少一晚。

3 根据口味搭配紫苏叶，盛盘。

腌2～3天后会变硬，可以包到饭团里。

腌了2个晚上，用来配米饭软硬度正好。放在饭上，美美地吃完了！（rainasu）

如果用鲜毛豆，请先加点盐煮一下。

还是用冷冻的毛豆省事，鲜的还要煮……说话间，我就已经用芝麻油炒了冷冻毛豆吃光光了。（池内孝）

让人着迷的炒毛豆

**毛豆带着豆荚，用芝麻油和盐炒熟。
就这么简单，香味四溢，很值得推荐。
不过，因为豆荚上沾了油，吃的时候要不停地擦手。（太在意了吧！）**

原 料（2人份）

冷冻毛豆 …………………… 100克

芝麻油 ……………………… 2小勺

盐 …………………………… 适量

做 法

1 毛豆解冻，沥干。

2 在平底锅中倒入芝麻油，加热后放入①翻炒。

3 把豆荚炒成焦黄色后撒适量盐。

比想象的更爽口，配酒最棒了，配饭或者面包也很值得推荐！加上葱花和白萝卜泥太好吃了（哭）←好吃到要哭了。（橙醋职人 nao）

橙醋鸡皮

**学生时代我曾在一家鸡肉店打过工，我非常喜欢那家店的橙醋鸡皮。
鸡皮很便宜，可以做成实惠的下酒菜。
关键是要把皮上的油脂去除干净。**

原 料（2人份）

鸡皮 ………………………… 2片

白萝卜泥、橙醋、葱花 …… 适量

做 法

1 鸡皮煮3～4分钟，用流水冲洗干净。

2 再煮一次，挤去水后切成细丝。

3 盛盘，放上白萝卜泥，加些橙醋和葱花。

鸡皮在弹动呢。

根据口味也可以加点姜末。

智利辣豆酱

菜里没有用月桂叶之类比较少见的食材。大家也可以用一整罐番茄罐头代替番茄，成品够吃两天。
放凉之后豆子更入味。

原 料（2人份）

- 大蒜……1/2 瓣
- 洋葱……1/4 个
- 番茄……1 个
- 色拉油……1 小勺
- 红辣椒……1 根
- 猪肉牛肉混合绞肉……80 克
- A
  - 综合豆……1 小罐（80 克）
  - 番茄酱……2～3 大勺
  - 英国辣酱油……1 大勺
  - 砂糖……1 小勺
  - 酱油……少许
- 面包……适量

做 法

1. 把大蒜和洋葱切碎。番茄去蒂后切成块。
2. 在平底锅中倒入色拉油加热。放入大蒜和红辣椒，煸炒出香味后加入洋葱和绞肉翻炒至变色。加入番茄，一边铲碎一边炒。放入 A，煮到水分蒸发。
3. 盛盘，搭配面包享用。

喜欢吃辣的朋友可以把辣椒切碎炒。不喜欢的话也可以不放辣椒。只不过这么一来，就不是辣豆酱了。

不喜欢番茄皮的话可以用热水烫一下，去皮。

切番茄时流出来的番茄汁可以一起加入。

再多做一点就好了。加入豆子后一下子丰富多了。我要对山本小姐说一声“谢谢”！！（澪）

章鱼牛油果山药沙拉

好喜欢这些食物的组合，湿润、黏糯、爽口。
只要切好拌一下，就很有餐馆的味道了。

原 料（2人份）

章鱼（刺身用）……100 克
山药 … 1 小段（长 5 厘米）
牛油果……………………1/2 个

A
- 醋……………………………………1 大勺
- 蛋黄酱、橄榄油或色拉油 ……………………………各 1/2 大勺
- 砂糖、洋葱碎……………… 各 1 小勺
- 盐…………………………………少许
- 蒜泥（根据口味添加）…………少许

黑胡椒碎…………………………………适量

也可以用柠檬汁。

做 法

1 章鱼切块。山药削皮，牛油果去核、去皮，都切成 1 厘米见方的块。
2 在①中加入混合均匀的 A，拌匀。
3 盛盘，撒些黑胡椒碎。

山药和牛油果很快就会氧化变色，所以要在吃的时候再做，不然会后悔哦。

牛油果 × 章鱼，让人惊喜的组合! 墨西哥 + 摩洛哥 = 意大利风味的一道菜。可以拿 10 分了!
（rodann）

为了做这道菜买了炸豆腐。好吃，意外地好吃! 可能明天、后天和大后天都要去买了，然后可能就会吃腻了（笑）。
（爱媛 mikyan）

卷心菜火腿乳酪炸豆腐

把卷心菜丝夹在炸豆腐中，煎得脆脆的，
最后少加一点酱油就很好吃了。
炸豆腐和酱油……为什么归类到西餐呢？
（因为放了火腿和乳酪吧！）

原 料（2人份）

炸豆腐、乳酪片 ……… 各 1 片
卷心菜、火腿 ………… 各 2 片
蛋黄酱 ……………………… 适量
酱油（根据口味添加）…· 适量

做 法

1 用擀面棒把炸豆腐擀平，然后从一边片开，打开变成一整片。卷心菜切丝。
2 在炸豆腐的右半边铺上火腿和卷心菜，挤适量蛋黄酱，盖上乳酪片，然后用左半边盖好。
3 加热平底锅，不用倒油，放入炸豆腐，用小火把两面煎酥脆。切成方便食用的小块，根据口味加酱油调味。

打开后本该是一整片，不过有几处破了。

用铲子压着煎。

脆炸蔬菜片

因为手不够巧，切得有点厚，有些一点也不脆，
感觉就像生吃蔬菜似的。（这是事实。）
要想炸得酥脆，有 3 个关键点：切得薄薄的，低温慢炸，
充分沥干油。

原 料（2人份）

A
- 南瓜 ………………… 1/8 个
- 莲藕 ·····1 小段（长 5 厘米）
- 胡萝卜……………… 1/2 根

盐、煎炸油…………………适量

做 法

1 把 A 切成尽可能薄的片，用盐水泡一下去涩。
2 捞出后用厨房纸擦干。
3 放入预热至 160℃ 的煎炸油中，炸到酥脆。根据口味撒点盐。

最好用切片器切，没有的话就请加油自己切吧。

盐水浓度大概是 2 小勺盐兑 5 杯水。最好泡 1 个小时。

炸了莲藕、南瓜、洋葱和红薯! 开始还担心泡了盐水会变得皱巴巴的，或者变咸，可是这些问题都没有，很好吃呢!
（dama）

亚洲风味小吃

民族风牛蒡肉饼

在加了大量牛蒡的肉饼上淋了一些酸甜的辣酱。
把牛蒡削成薄片挺麻烦的，所以我直接切碎了，
请咔嚓咔嚓地努力嚼吧。
Q. 哪里有民族风？　A. 下面盘子的花纹啊。

原 料（4根）

- 牛蒡……1/3 根
- A
  - 猪绞肉……200 克
  - 面包糠、牛奶……各 2 大勺
  - 芝麻油……1 小勺
  - 姜末……1/4 小勺
  - 盐、胡椒粉……少许
- 色拉油……1 小勺
- B
  - 砂糖、醋……各 1 大勺
  - 蚝油、酱油……各 1 小勺
  - 红辣椒（切圈）……1/2 根
- 紫叶生菜……适量

做 法

1. 把牛蒡切碎，倒入 A 中充分拌匀，分成 4 等份，包在一次性筷子上。
2. 在平底锅中倒入色拉油，加热后并排放入肉饼，煎成金黄色后翻面，转小火。倒入 1/4 杯水，半掩锅盖，煮到水分收干。
3. 盘子中铺上紫叶生菜，盛盘，搭配调匀的 B 享用。

牛蒡不必用水浸泡。

煎肉饼的过程中筷子掉了，强烈建议煎好之后再插筷子。煮的时候如果水一直没有减少，可以打开锅盖大火煮。

牛蒡很弹牙、很好吃！连讨厌牛蒡的儿子也吃得津津有味！味道调得很好。蘸上酱汁后可以装在便当里！
（江尻）

又酥又弹的乳酪韩国煎饼

只需把全部原料搅拌均匀、煎熟即可。
尝试了很多配方，发现只用面粉怎么也达不到软弹的效果，
所以又加了些土豆。
现在又脆又弹，太棒了。

原 料（2块）

- 小土豆……1 个
- A
  - 小麦粉、土豆淀粉……各 3 大勺
  - 芝麻油……1 小勺
  - 盐……1/4 小勺
  - 水……1/4 杯
- 葱……1 根
- 培根……1 片
- 马苏里拉乳酪……4 大勺
- 色拉油……1 大勺
- B
  - 醋、酱油……各 1 大勺
  - 辣椒油……少许
- 生菜……适量

做 法

1. 土豆去皮后擦成泥，加入 A 拌匀。把葱和培根切成小片，和乳酪一起拌入土豆泥中。
2. 在平底锅中倒入 1/2 大勺色拉油，加热后倒入一半的①，平摊成薄饼。用中小火把两面慢慢煎至焦黄。用同样方法煎另外一半①。
3. 切成方便食用的小块后盛盘，搭配生菜和混合均匀的 B 享用。

葱是新鲜的生葱。要用小火慢慢煎。煎到一面变香脆，就可以轻松翻面了。

真的是又脆又软弹！这么轻松就可以做出与以往截然不同的口感，太让人惊喜了！举办饺子派对时端上这道煎饼也很吸引人！
（森本有纪）

鲜虾豆芽炒米粉

很好吃！其实我用的是粉丝。
不用加鱼露也做出了越南风味。
另外，我还用鸭儿芹代替了香菜。

让人意想不到的调味料组合。女儿也大赞好吃。
(minakeru)

原 料（2人份）

虾……………………4 只
粉丝 …………………50 克
芝麻油………1 大勺
蒜泥、姜末
……… 各 1/4 小勺
豆芽 ……………………………………1/3 袋
A ⎡ 鸡精、醋、蚝油 ……… 各 1 小勺
  ⎣ 砂糖 ……………………… 1/2 小勺
花生、鸭儿芹、柠檬 ……………… 适量
黑胡椒碎（根据口味添加）……… 适量

Q. 可以用粉丝代替米粉吗？
A. 没听说过有这样的人。

做 法

1. 虾去壳，从背部切开，去虾线。粉丝泡软后切成方便食用的段。花生碾碎，鸭儿芹切碎。
2. 在平底锅中倒入芝麻油加热，放入虾仁、蒜泥和姜末，翻炒变色后加入豆芽和粉丝，最后加入 A 炒匀。
3. 盛盘，根据喜好撒些花生碎和黑胡椒碎，点缀上三叶芹和柠檬。

没有柠檬也没关系。

炸虾仁洋葱云吞

心血来潮用虾仁和洋葱试做了一下，很清淡的感觉。
把烧麦皮沿对角线对折，云吞就包好了，很容易。

做着做着数量越来越少，因为被我吃掉了，根本停不下来（笑）。 (mus)

原 料（20个）

洋葱 …………………………………1/2 个
虾仁 ………………………………… 120 克
A ⎡ 酒、土豆淀粉………………… 各 1 大勺
  ⎢ 鸡精 ………………………………1/2 小勺
  ⎣ 盐、胡椒粉 ……………………………少许
烧麦皮……………………………………20 片
煎炸油……………………………………适量
生菜 ………………………………………适量

做 法

1. 洋葱切碎，虾仁拍成泥，加入 A 拌匀，分成 20 份放在烧麦皮上，对折成三角形，边缘抹少许水封好口。
2. 在平底锅中倒入深 1 厘米的煎炸油，预热至 170℃后放入云吞炸熟。
3. 盛盘，点缀上生菜。

用云吞皮也可以。（岂止可以，应该说更理想。）

确实很像华服上装饰的褶皱，真是爱臭美的生菜。

韭菜豆芽韩式拌菜

一边做一边不停地念着“拌菜、拌菜、拌菜……”

口感清爽，味道浓郁，吃得停不下口。感觉冷藏入味后更好吃。
(tosiyufuru)

原 料（容易制作的用量）

韭菜 …………………………………1 小把
豆芽 ………………………………… 1/2 袋
A ⎡ 芝麻油……………………… 1 大勺
  ⎢ 酱油 ……………………1/2 大勺
  ⎢ 炒白芝麻 ………………… 1 小勺
  ⎢ 蚝油 ……………………1/2 小勺
  ⎢ 砂糖 ……………………… 1 小撮
  ⎣ 蒜泥 ……………………………少许

做 法

1. 韭菜切成 5 厘米长的段。
2. 豆芽和①用热水焯一下，控干。
3. 在②中加入混合均匀的 A 拌匀。

没有的话可以多加点酱油。

可以马上吃，也可以冷藏至更入味后再吃。

recipe column 4

宴客菜式

大家来我家玩的时候，我一般会订外卖比萨（也要做点菜啊）。在这样特别的日子里，要是能做一两道下面的菜式，我会很开心的。

估计比做汉堡肉饼容易一些。

肉饼

原 料

（适用18×8×6厘米的磅蛋糕模具）

洋葱……1/2 个

色拉油……1 小勺

面包糠、牛奶……各 5 大勺

A
- 猪肉牛肉混合绞肉……300 克
- 盐、胡椒粉……少许

B
- 鸡蛋（打散）……1 个
- 番茄酱……1 大勺

水煮蛋……3 个

C
- 番茄酱、英国辣酱油……各 4 大勺
- 酒……1 大勺
- 速溶咖啡粉……少许

生菜、樱桃番茄……适量

做 法

1. 洋葱切碎，平铺在耐热容器中。倒入色拉油，松松地盖上保鲜膜，用微波炉加热 2 分 30 秒，放凉。面包糠用牛奶泡一下。
2. 将 A 充分搅拌，再加入①和 B 拌匀。模具底部铺上油纸，先铺入 1/3 的肉馅，然后并排放好水煮蛋。再把剩下的肉馅铺平整，放入预热至 220℃的烤箱中烤 30 ~ 40 分钟。晾至不烫手后切成方便食用的小块。
3. 将烘烤过程中产生的肉汁倒入平底锅中，加入 C 煮到变稠。
4. 在餐盘中点缀上生菜和樱桃番茄，放入切好的②，淋上③。

烘烤过程中肉汁可能会溢出来，请在顶部包上锡纸或者盖上盖子。

烤好后马上脱模切片的话，肉汁会流出来。请晾一下，等不烫了再切。

不用称量也不用过筛。

手卷沙拉可丽饼

原 料（8个）

黄油或人造黄油……1 大勺

A
- 小麦粉……3/4 杯
- 砂糖……1 大勺

牛奶……1 杯

鸡蛋（打散）……1 个

色拉油、蛋黄酱……适量

生菜、培根、火腿、切片番茄（选择自己喜欢的食材）……适量

做 法

1. 把黄油放入微波炉加热 20 ~ 30 秒。
2. 把 A 倒入碗中，用打蛋器拌匀，逐量加入牛奶，每加入一部分后都要充分搅拌。用同样的方法加入蛋液，再加入①混合均匀。包上保鲜膜放入冰箱冷藏至少 1 小时。
3. 用厨房纸蘸上黄油涂在平底锅中，加热后倒入 1/8 的②，摊开用中火煎熟，一面煎至焦黄后翻面。用同样方法将余下的面糊摊成可丽饼。
4. 把各种喜欢的食材放在③上，挤适量蛋黄酱后卷起来。

放一个晚上也可以。可丽饼会变得更有弹性，不易开裂。

建议选用牛油果、水煮蛋和黄瓜等。还可以加点芥末籽酱或番茄酱。

女儿节那天很多朋友都做了。

寿司蛋糕

原 料

（适用直径12厘米的圆形模具）

米……1合

A 砂糖、醋……各近2大勺
　盐……1/4小勺

炒白芝麻……2大勺

胡萝卜……1/3根

金枪鱼罐头……1小罐

B 酒、砂糖、酱油、水……各1大勺
　味醂……1/2大勺

色拉油……2小勺

C 鸡蛋（打散）……2个
　砂糖……1小勺
　盐……1小撮
　水……2大勺

虾……6只

盐……适量

黄瓜……1根

切片三文鱼（刺身用）……4片

直接把饭拌好，扇凉之后就很有光泽了。

做 法

1 米饭煮硬一点。把A倒入小锅中，小火煮至砂糖溶化，和芝麻一起加入米饭中拌匀。

2 胡萝卜去皮切碎。金枪鱼罐头倒掉一些汤汁，和胡萝卜一起倒入锅中翻炒，加入B炒到胡萝卜变软。

3 平底锅中倒入色拉油，加热后缓缓倒入打匀的C，用筷子边搅拌边炒熟。

4 把保鲜膜铺在模具中，铺入③，压实一点，再依次盛入1/2的①、②和剩下的①。盖上碟子翻转过来，脱模。

5 虾去壳、去虾线，用盐水煮熟。黄瓜用削皮器削成薄片，和虾一起装饰在④上，中间摆放卷成花朵状的三文鱼片。

先取1片三文鱼卷起来，剩下的逐片包在外面。装饰用的虾和黄瓜掉下来好几次。

吃起来很方便，推荐。

土豆春卷

原 料（10根）

土豆……2个

乳酪片……4片

A 奶油白酱（第58页，也可用罐装的）……约70克
　盐、胡椒粉……少许

春卷皮……10张

水淀粉、煎炸油……适量

迷迭香……少许

邻居插进去的。

做 法

1 把土豆洗干净，不用擦干，包上保鲜膜，用微波炉加热5～6分钟。去皮压碎，加入撕成小块的乳酪和A，拌匀。

2 将①分成10等份，用春卷皮包起来，封口处抹上水淀粉封好。在平底锅中倒入1厘米深的煎炸油，加热到170℃后放入春卷炸熟。

3 盛盘，点缀上迷迭香。

香脆的外皮包着柔软的土豆泥和乳酪，太棒了。

笑一笑 column 6

交换笔记食谱

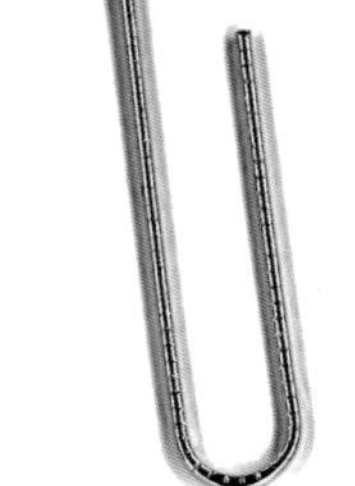

盐炒芋头培根

原 料（2人份）

芋头 ············· 4 ~ 5 个（约 200 克）
培根 ·· 1 片
色拉油 ································· 2 小勺
A
- 色拉油 ··························· 1 小勺
- 法式清汤味精、盐、胡椒粉 ························ 各 1/4 小勺

黑胡椒碎、干欧芹（根据口味添加）
·· 适量

做 法 转向真衣

1 早上好！！今天很冷哦——

昨天说过的芋头食谱要记下来哦！
要全部用汉字写出来。
（把芋头煮好后去皮，切成圆片）←写出来就没意思了。

2 培根要切成细条！
话说回来，某人说今天的会议结束之后要一起切的，你觉得怎么样？
我都可以哦！啊！汉字的已经写完了。不好意思……

3 平底锅中倒入色拉油，加热后放入培根炒到变脆～
盛出。原因保密～
这次就不在“保密”这里画重点标记了吧？(☆><☆)

4 把芋头放入锅中，两面煎成焦黄色。
然后倒入混合均匀的 A，炒匀。

5 把芋头和③一起盛盘，根据个人口味撒点黑胡椒碎和干欧芹。
这•样•就•做•好•了 ☆
很容易 ♡ ←这个爱心是我用左手画的，画得不好，很抱歉！

又到提问时间了 ♡
芋头和土豆，喜欢哪个？ 芋头（ ） 土豆（ ）
想长高？还是不想？ 想长高（ ） 不想长高（ ）

接下来→→→→真衣 Byebye！

关于笔记本
- 不会一直留着。
- 不是谁都可以看的！

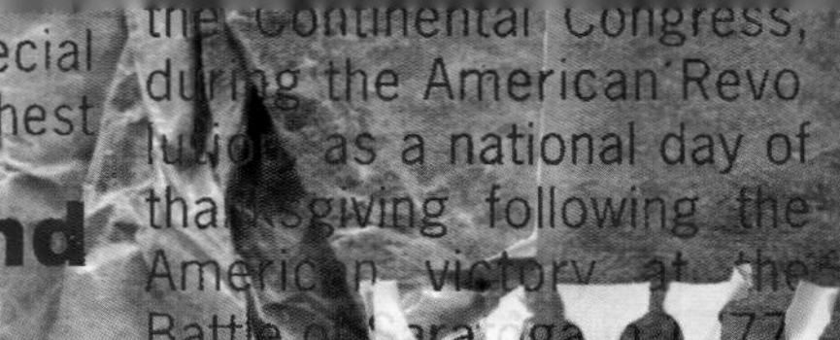

马虎一点
也能做好的

下午茶和甜点

经常听到有人说，很喜欢甜点，可是做的时候还要称量，太麻烦了。

我非常理解。
把多出来的粉类原料倒回袋子，这太烦人了。
(倒的时候要是没忍住笑了一下，粉末就会漫天飞舞。) 为什么要笑?
我没有电子秤，用的就是最小单位为 10 克的秤，
只能大概称一下，有时候称量结果与实际差很多。 把用量调整一下嘛!
这一部分收集了一些即使原料用量差一些也没问题的甜点食谱，
多一点少一点都没关系，请放轻松做吧。

明胶粉和泡打粉的用量以克为单位，如果用量差太多，
做出来的甜点可能会很硬或过于膨松，请不要太在意。 当然会在意了!

※ 由于篇幅所限，做法中会出现“预热过的烤箱”“筛过的低筋面粉”等，
请不要急着说“啊！什么时候筛过”，先仔细看一遍做法，
然后再动手吧。
说得太直接了，很抱歉。(=^ ▽ ^=) ノ 选好的表情文字。

冰激凌

菠萝酸奶冰

只需要搅拌一下冷冻即可，非常容易，带有沙冰的口感。
要是有用剩的蛋清，可以打成蛋白霜，与其他食材拌匀后冷冻，成品松松软软，口味就更正宗了。

原 料（容易制作的用量）

菠萝（罐装）……3片
A 原味酸奶……250克
A 砂糖……2大勺
薄荷叶（根据口味添加）……适量

控制了甜度，很清爽，口感沙沙的，很好吃！只要搅拌一下就行，连孩子们也会做了。(Asa)

做 法

1 把菠萝切丁，和A一起放入碗中。充分搅拌后倒入容器中，放入冰箱冷冻。
2 凝固之后用叉子快速搅拌，让空气裹入冻酸奶中。冷冻1小时后再搅拌一次，如此反复2～3次。
3 盛盘，用菠萝（另备）和薄荷叶装饰一下。

加入50～100毫升打发的鲜奶油搅拌均匀，就可以做成奶油冰激凌了。

咖啡花生冰激凌

在香草口味的冰激凌上倒一些花生碎和咖啡粉，瞬间变成了让人惊艳的美味。
怕麻烦的话也可以直接用市售的冰激凌。

原 料（容易制作的用量）

A 鸡蛋（打散）……1个
A 砂糖……2大勺
B 砂糖……2大勺
B 牛奶……1杯
香草香精……少许
鲜奶油……1/2杯
C 速溶咖啡粉、花生碎（根据口味添加）……适量

最好选用动物性鲜奶油。

做 法

1 把A倒入碗中，用打蛋器充分打发。
2 把B倒入小锅中小火加热，煮到快要沸腾时从火上移开，逐量倒入①中，边倒边搅拌。
3 把②倒入小锅中小火加热，一边煮一边用木铲搅拌。煮至黏稠后用滤网过滤到搅拌碗中。将搅拌碗放入冰水中隔水冷却，其间不断搅拌，加入香草香精。
4 将鲜奶油打发至七分发后加入③中拌匀，放入冰箱冷冻。定形后用叉子快速搅拌，让空气裹入其中。冷冻1小时后再次搅拌，如此反复2～3次。
5 把冰激凌盛到小碗中，根据个人口味加入C。

煮至砂糖溶化。将牛奶一下全部倒入蛋液中会把蛋液烫熟，所以请慢慢地逐量倒入。

要用木铲贴着锅底翻拌。

不反复搅拌也很好吃。搅拌几次成品更松软。

本来想留一半，可是太好吃了，结果什么都没剩下(笑)。不过，我只有粗磨的咖啡粉，看起来感觉不够精致。以后一定会反复做的。(rohan)

老公最近工作很累，回到家很少说话，不过吃了这个冰激凌后，很开心地来问我："这是怎么做的呀？"(kanako)

布丁

双层巧克力布丁

用成品巧克力做的超级简单的冰激凌。
“双层”是我随便加的。（其实是失败了，布丁液出现了分层。）
上层浓厚，下层软弹，非常好吃。请一定要试一试。

原 料（4人份）

板状巧克力……1小块（55克）
鸡蛋……2个
A 牛奶……1½杯
A 砂糖……3大勺
B 根据口味搭配打发的鲜奶油、巧克力酱、薄荷叶……适量

做 法

1. 把巧克力切碎。
2. 将鸡蛋打入搅拌碗中，用打蛋器快速搅打均匀。
3. 把A倒入小锅中，小火煮到快要沸腾时关火。加入①搅拌至巧克力融化，然后逐量倒入②中，每倒入一部分后都要充分搅拌。用滤网将布丁液过滤到布丁碗中。
4. 将布丁碗摆放在烤盘上，在烤盘中倒入深度相当于布丁碗高度1/2～4/5的热水。把烤盘放入预热至160℃的烤箱烘烤20～30分钟。
5. 晾凉后放入冰箱冷藏，用B装饰一下。

Q. 怎么没有变成双层？
A. 祝贺你成功了！

滑溜溜的乳酪布丁

只要把食材搅拌均匀冷藏即可，非常简单。
目标就是要做得既柔软又富有弹性。

原 料（4人份）

明胶粉……5克
奶油乳酪……50克
蛋黄……1个
A 牛奶……350毫升
A 砂糖……4大勺
柠檬汁……1大勺

没有也可以。到底是想加点酸味还是不想呢？

牛奶很烫的时候一下倒入的话，蛋黄可能会被烫熟，变成一块一块的。所以要逐量倒入。

做 法

1. 把明胶粉撒入3大勺水中泡软，然后用微波炉加热30秒使其溶解。
2. 将室温下软化的奶油乳酪搅拌至润滑状态，加入蛋黄拌匀。
3. 把A倒入小锅中，煮到快要沸腾时关火。加入①混合均匀后逐量倒入②中，边倒边充分搅拌。加入柠檬汁。
4. 用滤网将布丁液过滤2～3次后倒入小瓶中，放入冰箱冷藏2小时。

为了享受滑溜溜的口感，虽然麻烦了点，不过还是请认真过滤吧。

真的，只需要15分钟就准备好放进冰箱了。很轻松，神了！配方很棒，比想象的要甜一些。太好吃了，还想再做。（松海）

剩了50克明胶粉，刚好看到了这个食谱，太感谢了！这次没放鸡蛋，下次加上试试。（air）

面包

酥脆的法式吐司

**用黄油和砂糖做成焦糖，裹在面包上，晾凉就变得脆脆的了。
用法棍面包做的法式吐司有点像卡纳蕾（canele），
其实用切片吐司也可以。
至于浸泡时间嘛，如果想让面包保持原有形状，
泡一小会儿就可以了；
如果想让成品口感更软弹，则要泡 1 小时左右。**

根据个人喜好浸泡 5 分钟～1 小时都可以。

原 料（1人份）

法棍面包 …………10 厘米长的 1 段

A
- 鸡蛋（打散）……… 1 个
- 牛奶 ……………… 1/2 杯
- 砂糖 ……………… 1 大勺

色拉油 ………………… 2 小勺
黄油或人造黄油 …… 1/2 大勺
砂糖 ………………… 1～2 大勺

味道非常好，老公大赞！太喜欢了，一定要记录下来。（peachy）

做 法

1. 把法棍面包斜切成两半。浸泡在混合均匀的 A 中。
2. 在平底锅中倒入色拉油，小火加热后放入①，煎成金黄色后翻面，盖上锅盖。在锅中放入黄油，融化后撒入砂糖，煎成焦糖后裹在法棍面包上。

加入砂糖后不用炒，等它自己慢慢变成焦糖色即可。

面包布丁

**先将吐司烤香脆，再倒入布丁液烘烤即可。
长时间浸泡，吐司块会变得很软，不过我更喜欢香脆的。
顺便说一下，这片叶子是长在我家院子里的，好像是薄荷吧。**

原 料（2人份）

吐司 ………………………… 2 片
黄油或人造黄油 ……… 适量

A
- 鸡蛋（打散）……… 1 个
- 牛奶 ……………… 3/4 杯
- 砂糖 ……… 2～3 大勺

糖粉、薄荷、冰激凌、蜂蜜（根据口味添加）…… 适量

做 法

1. 吐司用吐司机烤至表面上色，抹上黄油，切成 16 小块。
2. 把吐司块整齐码放在耐热容器中，倒入混合均匀的 A，放入预热至 170℃ 的烤箱烘烤 20～30 分钟。
3. 根据喜好筛些糖粉，加入冰激凌，淋上蜂蜜。

想要多泡一会儿吐司块的话，可以先倒入一半的 A 泡一下，烤之前再倒入剩下的一半，这样有一部分还能保留酥脆的口感。用吐司机烤吐司时一定要烤成焦黄色。

加了冰激凌拍完照片后，就马上把冰激凌装回纸杯放入冰箱冷冻了。（是不需要吗？）

面包先烤一下再倒入布丁液，烤出来的面包布丁既有软乎乎的，也有脆脆的。超级好吃！吃得好饱啊！（kotoco）

乳酪

半熟舒芙蕾乳酪蛋糕

牛奶和鲜奶油所占的比例要尽可能高，这样才能入口即化。
失败了两次之后终于成功了。
第一次，牛奶加得太多蛋糕塌了。第二次，因为同样的原因又失败了。

终于做出了理想中的乳酪蛋糕！一直想做！太感动了，半夜一个人吞下了一半。（雪）

原料

（适用直径18厘米的活底圆形模具）

A
- 奶油乳酪……200克
- 黄油或人造黄油…10克

砂糖……60克

B
- 蛋黄……3个
- 柠檬汁……2小勺
- 鲜奶油……1/2杯
- 牛奶……70毫升

蛋清……3个

低筋粉……2大勺

橘子酱（不含果皮）……适量

主要是为了增加光泽。没有也没关系。可以在蛋糕表面筛一层糖粉。

做法

油纸边缘要比模具高1～2厘米。

1. 在模具中铺一层油纸，模具外侧整个用锡纸包好。
2. 把恢复至室温的A放入搅拌碗中拌匀，加入2/3的砂糖，拌匀。依次加入B中的原料，边加边搅拌。
3. 将蛋清倒入另一个搅拌碗中，用电动搅拌器打发，分次加入剩余的砂糖，打发成稳定的蛋白霜。
4. 把1/3的③加入②中拌匀，筛入低筋粉翻拌。加入剩余的③，用橡胶刮刀拌匀，尽量避免消泡。将做好的蛋糕糊倒入模具中。
5. 在烤盘中倒入80℃的热水，放入④，送入预热至160℃的烤箱烘烤50～60分钟。冷却后连模具一起放入冰箱冷藏一晚，脱模后在表面刷上橘子酱。

热水的温度在80℃上下即可，感觉比较烫就差不多了。如果蛋糕表面颜色过深可以盖一张锡纸。

香酥乳酪条

这道乳酪条可以入选我的甜点系列前3名了，
只要将原料混合在一起即可。
软糯的乳酪中有酥酥的口感，让人无法抗拒。

我用了1整盒消化饼。

原料

（适用18×13厘米的模具）

黄油或人造黄油……30克

核桃仁……100克

全麦饼干……9片

A
- 奶油乳酪……200克
- 黄油或人造黄油……1大勺

B
- 砂糖……40～50克
- 鸡蛋（打散）……1个
- 柠檬汁、低筋粉……各1大勺
- 鲜奶油……1/2杯

炒黑芝麻……1大勺

很容易做，没想到这么好吃！儿子说他一口就吃掉了一根。我还想留点自己吃呢。（ti）

连我这样笨笨的人也能做好（笑），谢谢山本小姐！！（酥饼）

做法

也可以用保鲜膜包住饼干和核桃仁，借助杯子压碎。

1. 把黄油放在微波炉中加热30秒，使其融化。
2. 把1/2的核桃仁和饼干放入保鲜袋中，用擀面杖压碎。加入①搅拌均匀，倒在铺了油纸的模具中压平，放入冰箱冷藏。
3. 把恢复至室温的A倒入搅拌碗中，用打蛋器充分搅拌依次加入B中的原料，同时不断搅拌。用手指捻碎芝麻，把剩下的核桃仁切碎，一起加入搅拌碗中拌匀。
4. 将蛋糕糊倒入②中，放入预热至170℃的烤箱烘烤30～40分钟。冷却后放入冰箱冷藏保存，吃之前切成条。

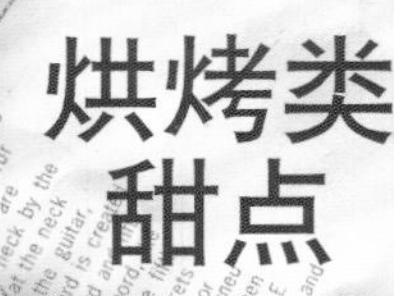

快手冰冻曲奇

本来打算借助保鲜膜中间的空心筒把饼干做成圆形，可是保鲜膜还没用完，所以就改用了包装盒来造型。有了冷冻的饼干坯，即使突然有客来访，也可以快速烤一下招待客人。
我还没有遇到过这样的情况，如果真的有客人来，我可能会慌慌张张的，根本顾不上烤饼干吧。

黄油用量比较大，要用无盐黄油。（不过我还是用了有盐的人造黄油）←啊！

原料（约20块）

最好用糖粉。我用的是细砂糖，因为糖粉比较贵。

- 黄油或人造黄油（无盐）…………70 克
- 砂糖……………………………30 克
- 蛋黄、蛋清……………………各 1 个
- 低筋粉…………………………130 克
- 枫糖……………………………适量
- 香草香精………………………少许

好主意！保鲜膜真是万能，连包装盒也能利用起来。我很喜欢这样可以马上做好的手工曲奇。很好吃。和家人外出时可以很快准备好。（白泷）

做法

1. 让黄油在室温下回温，然后用打蛋器搅拌成奶油状，加入砂糖打发到颜色发白。
2. 加入蛋黄继续搅拌，有香草香精的话加入少许。筛入低筋粉，用刮刀切拌均匀。
3. 在空的保鲜膜包装盒中铺上保鲜膜，倒入②，整形成长方体，包好放入冰箱冷冻 30 分钟或更长时间。
4. 打开保鲜膜，在饼干坯表面刷一层蛋清，再蘸上枫糖，切成 5 ～ 7 毫米厚的片。
5. 把切好的饼干并排摆放在铺了油纸的烤盘中，放入预热至 180℃ 的烤箱烘烤 10 ～ 15 分钟。

可以把枫糖倒在盘子里，然后放入饼干坯，翻转着让每一面都裹上糖。

松松软软，而且很湿润。加入了蛋白霜，感觉很高级，非常好吃。（结）

巧克力麦芬

☆不只要用一个搅拌碗哦。
(先说明不足之处，让它看起来像是优点。
用在人身上也一样，与其遮遮掩掩，不如展示出来。)

原 料

（直径5.5厘米的麦芬六连模）

- 黄油或人造黄油 …… 120 克
- 砂糖 …… 100 克
- 蛋黄、蛋清 …… 各 2 个
- A
  - 低筋粉 …… 100 克
  - 泡打粉 …… 1 小勺
- 巧克力豆 …… 50 克
- 香草香精 …… 少许
- 糖粉 …… 适量

做 法

1. 让黄油在室温下回温，加入砂糖用打蛋器打发到颜色发白。逐个加入蛋黄并不断搅拌，有香草香精的话加一些。
2. 蛋清打至起泡，加 1 大勺砂糖（另备），用电动搅拌器打发成稳定的蛋白霜，分 2 ～ 3 次拌入①中。
3. 筛入 A，翻拌一下，再倒入 40 克巧克力豆，拌匀。把蛋糕糊倒入模具，七分满即可。将剩余的巧克力豆撒在蛋糕糊表面。
4. 将模具放入预热至 170℃ 的烤箱中烘烤 30 ～ 40 分钟，出炉后根据喜好在表面筛适量糖粉。

打发蛋白霜是关键的一步，可以让麦芬口感更松软。

插入竹签，拔出后没有蛋糕糊粘在上面就说明烤熟了。

红薯黑芝麻磅蛋糕

把红薯压成泥，无须打发蛋液，
只要搅拌一下即可，一款很容易做的蛋糕。
Q. 可以用芋头代替红薯吗？
A. 你觉得没问题的话就可以。反正又不是我吃。

原 料

（适用22×12×6厘米的磅蛋糕模具）

- 红薯 …… 去皮后 100 克
- A
  - 黄油、牛奶 …… 各 2 大勺
  - 砂糖 …… 1 ～ 2 大勺
- 黄油或人造黄油 …… 80 克
- 砂糖 …… 70 克
- 鸡蛋（打散） …… 2 个
- B
  - 低筋粉 …… 120 克
  - 泡打粉 …… 5 克
- 炒黑芝麻 …… 1 大勺
- 杏仁片（没有可以不加） …… 10 克
- 糖粉（根据口味添加） …… 适量

做 法

1. 红薯去皮，切成小块，用水泡一下后包上厨房纸放入耐热容器。表面松松地盖上保鲜膜，用微波炉加热 3 ～ 4 分钟，压成泥后加入 A 混合。
2. 让黄油在室温下回温，加入砂糖用打蛋器打发到颜色发白。加入①拌匀，逐量加入蛋液，同时不断搅拌。加入筛过的 B 和芝麻，用刮刀拌匀。
3. 在模具中铺上油纸，倒入蛋糕糊，表面撒上杏仁片。将模具放入预热至 170℃ 的烤箱烘烤 30 ～ 40 分钟，晾至不烫手后脱模。根据喜好在表面筛一层糖粉。

100 克是红薯去皮后的重量，小块的 1 块就够了。用微波炉加热前不用擦干。

如果红薯特别甜，可以酌情减少糖量。

刚烤好的时候外脆内软。第二天吃仍然很湿润。开心！两种吃法都很好吃，做法也比想象的容易，很有成就感！（得子）

连我也成功做出了海绵蛋糕!!! 放了两天仍然湿润柔软。糖衣也是用柠檬汁做的，柠檬的香味超级浓郁。（Uly）

柠檬海绵蛋糕

只需在海绵蛋糕上点缀上用微波炉做的糖渍柠檬片就行了。
糖衣很快就能做好，蛋糕湿润香甜。
味道感觉就像初吻一样。
不擅长烤海绵蛋糕的话，也可以用市售的海绵蛋糕代替。

原料（适用直径18厘米的圆形模具）

- 黄油或人造黄油……30克
- 鸡蛋……3个
- 砂糖、低筋粉……各90克
- 水或牛奶……1大勺
- 香草香精……少许
- A 柠檬（切片）……2个
- A 砂糖……4大勺
- B 糖粉……5大勺
- B 水……略多于1大勺

把柠檬洗干净，切成薄片。剩下的就吃掉吧。

做法

1. 黄油用微波炉加热30秒，使其融化。
2. 把鸡蛋打入搅拌碗中，用电动搅拌器高速打发，其间分3次加入砂糖。蛋糊体积膨胀至原来的3～4倍，变成膨松的奶油状后将搅拌器调至低速。
3. 搅打至蛋糊泡沫均匀后加入水，换用手动打蛋器拌匀。加入低筋粉拌匀，逐量倒入①，快速拌匀，最后加入香草香精。将蛋糕糊倒入模具中，让模具从距离桌面5厘米的位置自由落下，震出蛋糕糊中的大气泡。
4. 将模具放入预热至170℃的烤箱烘烤30～35分钟，出炉后马上脱模。
5. 把A倒入耐热容器中静置10分钟，松松地盖上保鲜膜，用微波炉加热2分30秒。
6. ⑤冷却后整齐地摆在④上，再淋上混合均匀的B。

打到觉得"可以了吧"的时候再继续打发一两分钟。如果出现消泡，请用电动搅拌器再一次打发。对，再搅打一下。

加热2分钟后拿出来看一下，需要的话再继续加热。

用糖渍柠檬的糖浆代替水，就是柠檬风味的糖衣了，完全没有浪费。

挞

酥香水果挞

看起来很难，其实非常容易。
我还是小学生的时候就开始做这道挞了，
稍微花点工夫就可以做得很华丽，而且原料也不贵（只要 3 颗草莓）。
蛋黄和蛋清都用上了，一点也不浪费。有空的时候请一定要试一试。

放了 2 天，口感还是很赞。挞皮已经放了 5 天，仍然酥酥的。只要不放容易坏的水果就没问题。（小雪）

很好吃，酥酥的，很感动。老公也大赞，以后还要做。（nan）

原料（适用直径18厘米的挞盘）

- 黄油或人造黄油、砂糖……各 80 克
- 蛋清……2 个
- 杏仁粉……80 克
- 挞皮（参考第 94 页）……1 份
- 卡士达酱（参考第 94 页）……1/2 份
- 喜欢的水果、糖粉……适量
- 橘子酱（不含果皮）……1 大勺
- 曲奇、细叶芹……适量

我用的是超市卖的盒装水果，比较便宜。有草莓和没草莓看起来效果完全不一样，请准备几颗草莓。

可以预留一小块挞皮面团，做成小饼干，放在 180℃ 的烤箱中烘烤 15 分钟，用巧克力笔在上面写上字。这个挞只有局部分撒了糖粉，多撒一些看起来会非常时尚。

做法

1 黄油放在室温下回温，加入砂糖，用打蛋器打到颜色发白。逐量加入蛋清并不断搅拌。加入筛过的杏仁粉，拌匀。

2 把①倒在挞皮上，用刮刀刮平，放入预热至 180℃ 的烤箱烘烤 35 ~ 45 分钟。晾至不烫手后脱模。

3 倒入卡士达酱，把喜欢的水果切好，摆放在表面。将橘子酱和 1 小勺热水拌匀，刷在水果上，再筛一些糖粉。装饰上曲奇和细叶芹。

也可以用杏果酱代替橘子酱。在草莓和葡萄上刷一些果酱会很有光泽。当然不刷也没关系。

recipe column 5

挞皮&卡士达酱

挞皮

看起来很难，其实就像做曲奇饼干一样简单。
这里介绍的不是复杂的传统做法，
做出来的挞皮放两三天依然酥香可口。
挞皮可以冷冻保存，随时备用。

原 料

（适用直径18厘米的挞盘）

A 低筋粉……………200克
A 砂糖…………………80克
人造黄油（无盐）……90克
B 蛋黄……………………2个
B 香草香精……………少许

我用的是家里现成的含盐人造黄油。

准 备

- 在挞盘中抹一层黄油（另备），薄薄地筛一层低筋粉（另备）。
- 低筋粉过筛。
- 人造黄油放在室温下回温。

做 法

1 把A放入搅拌碗中用打蛋器拌匀，加入人造黄油，用手搓成肉松状。

要比肉松更松散。

2 加入B，用木铲大致搅拌一下，然后用手揉成团，包上保鲜膜放入冰箱冷藏3小时。

没有拌得很细致，还混有面疙瘩也没关系。

用木铲切拌。还有干粉和小面块的时候就可以开始揉了。要揉到面团不粘手。

3 在砧板上铺一张保鲜膜，把面团放在上面，表面再盖一张保鲜膜，用擀面杖擀成3毫米厚的面片。揭去上层保鲜膜，把面片铺在挞盘中，用叉子均匀地扎些小孔。

揭去面片表面的保鲜膜，把挞盘倒扣在面片上，然后连面片一起翻转过来，用手指沿着模具边缘按压，使面片与挞盘紧密贴合。揭去保鲜膜，裁切掉多余部分。多出来的面团可以烤成曲奇饼干。

4 把挞皮放入冰箱冷藏，烤之前在表面铺上锡纸，再倒入米或豆子等防止挞皮在烘烤过程中回缩。烤箱预热至180℃，放入挞盘烘烤20～30分钟，取出后倒出米或豆子，揭开锡纸，再烤10分钟。

卡士达酱

这里为大家介绍最基本的做法。
不需要细致称量，只用1个鸡蛋，很容易就能做好。
加一些打发的鲜奶油，口感松松软软。
剩下的可以涂在面包上吃。

原 料（容易制作的用量）

A 鸡蛋（打散）………1个
A 砂糖………………2大勺
低筋粉………………3大勺
B 牛奶…………………1杯
B 砂糖………………2大勺
C 黄油或人造黄油……………10克
C 香草香精……………少许
D 鲜奶油……………1/2杯
D 砂糖…………………1大勺

也可以用2个蛋黄代替全蛋。

准 备

- 低筋粉过筛。

做 法

1 用打蛋器将A充分打匀，加入低筋粉搅拌均匀。

2 把B倒入小锅中，开小火煮到快要沸腾时关火，逐量倒入①中，同时不断搅拌。用滤网过滤之后倒回小锅中。

一下倒入全部牛奶可能会将蛋液烫熟，请逐量添加。

煮至黏稠后很容易粘锅，要反复几次从火上拿起锅用打蛋器搅拌。最后调大火，煮至冒小气泡并闻到香味即可关火。

3 一边中小火加热一边用打蛋器搅拌蛋奶糊，煮到变黏稠之后关火。加入C拌匀，倒入托盘中，盖上保鲜膜晾凉。

完成，这样就可以用了。

4 把D倒入搅拌碗中，用电动搅拌器打至八分发，然后拌入③中。

请根据个人喜好调整鲜奶油的用量。

酥香水果挞

看起来很难，其实非常容易。
我还是小学生的时候就开始做这道挞了，
稍微花点工夫就可以做得很华丽，而且原料也不贵（只要3颗草莓）。
蛋黄和蛋清都用上了，一点也不浪费。有空的时候请一定要试一试。

放了2天，口感还是很赞。挞皮已经放了5天，仍然酥酥的。只要不放容易坏的水果就没问题。（小雪）

很好吃，酥酥的，很感动。老公也大赞，以后还要做。（nan）

原料（适用直径18厘米的挞盘）

黄油或人造黄油、砂糖……各80克
蛋清……2个
杏仁粉……80克
挞皮（参考第94页）……1份
卡士达酱（参考第94页）……1/2份
喜欢的水果、糖粉……适量
橘子酱（不含果皮）……1大勺
曲奇、细叶芹……适量

我用的是超市卖的盒装水果，比较便宜。有草莓和没草莓看起来效果完全不一样，请准备几颗草莓。

可以预留一小块挞皮面团，做成小饼干，放在180℃的烤箱中烘烤15分钟，用巧克力笔在上面写上字。这个挞只有局部分撒了糖粉，多撒一些看起来会非常时尚。

做法

1. 黄油放在室温下回温，加入砂糖，用打蛋器打到颜色发白。逐量加入蛋清并不断搅拌。加入筛过的杏仁粉，拌匀。
2. 把①倒在挞皮上，用刮刀刮平，放入预热至180℃的烤箱烘烤35～45分钟。晾至不烫手后脱模。
3. 倒入卡士达酱，把喜欢的水果切好，摆放在表面。将橘子酱和1小勺热水拌匀，刷在水果上，再筛一些糖粉。装饰上曲奇和细叶芹。

也可以用杏果酱代替橘子酱。在草莓和葡萄上刷一些果酱会很有光泽。当然不刷也没关系。

recipe column 5

挞皮&卡士达酱

挞皮

看起来很难，其实就像做曲奇饼干一样简单。
这里介绍的不是复杂的传统做法，
做出来的挞皮放两三天依然酥香可口。
挞皮可以冷冻保存，随时备用。

原 料

（适用直径18厘米的挞盘）

A
- 低筋粉…………200 克
- 砂糖…………80 克

人造黄油（无盐）……90 克

B
- 蛋黄…………2 个
- 香草香精…………少许

我用的是家里现成的含盐人造黄油。

准 备

- 在挞盘中抹一层黄油（另备），薄薄地筛一层低筋粉（另备）。
- 低筋粉过筛。
- 人造黄油放在室温下回温。

揭去面片表面的保鲜膜，把挞盘倒扣在面片上，然后连面片一起翻转过来，用手指沿着模具边缘按压，使面片与挞盘紧密贴合。揭去保鲜膜，裁切掉多余部分。多出来的面团可以烤成曲奇饼干。

做 法

1 把A放入搅拌碗中用打蛋器拌匀，加入人造黄油，用手搓成肉松状。

要比肉松更松散。

2 加入B，用木铲大致搅拌一下，然后用手揉成团，包上保鲜膜放入冰箱冷藏3小时。

没有拌得很细致，还混有面疙瘩也没关系。

用木铲切拌。还有干粉和小面块的时候就可以开始揉了。要揉到面团不粘手。

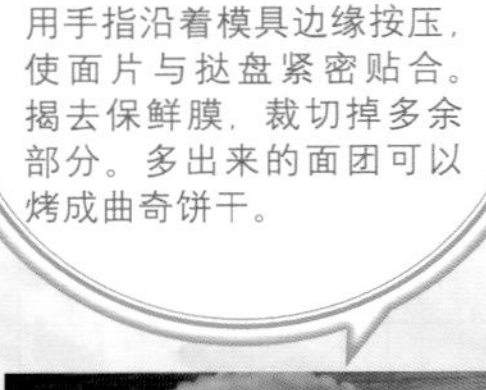

3 在砧板上铺一张保鲜膜，把面团放在上面，表面再盖一张保鲜膜，用擀面杖擀成3毫米厚的面片。揭去上层保鲜膜，把面片铺在挞盘中，用叉子均匀地扎些小孔。

4 把挞皮放入冰箱冷藏，烤之前在表面铺上锡纸，再倒入米或豆子等防止挞皮在烘烤过程中回缩。烤箱预热至180℃，放入挞盘烘烤20～30分钟，取出后倒出米或豆子，揭开锡纸，再烤10分钟。

卡士达酱

这里为大家介绍最基本的做法。
不需要细致称量，只用1个鸡蛋，很容易就能做好。
加一些打发的鲜奶油，口感松松软软。
剩下的可以涂在面包上吃。

原 料（容易制作的用量）

A
- 鸡蛋（打散）………1 个
- 砂糖…………2 大勺

也可以用2个蛋黄代替全蛋。

低筋粉…………3 大勺

B
- 牛奶…………1 杯
- 砂糖…………2 大勺

C
- 黄油或人造黄油…………10 克
- 香草香精…………少许

D
- 鲜奶油…………1/2 杯
- 砂糖…………1 大勺

准 备

- 低筋粉过筛。

做 法

1 用打蛋器将A充分打匀，加入低筋粉搅拌均匀。

2 把B倒入小锅中，开小火煮到快要沸腾时关火，逐量倒入①中，同时不断搅拌。用滤网过滤之后倒回小锅中。

一下倒入全部牛奶可能会将蛋液烫熟，请逐量添加。

煮至黏稠后很容易粘锅，要反复几次从火上拿起锅用打蛋器搅拌。最后调大火，煮至冒小气泡并闻到香味即可关火。

3 一边中小火加热一边用打蛋器搅拌蛋奶糊，煮到变黏稠之后关火。加入C拌匀，倒入托盘中，盖上保鲜膜晾凉。

完成，这样就可以用了。

4 把D倒入搅拌碗中，用电动搅拌器打至八分发，然后拌入③中。

请根据个人喜好调整鲜奶油的用量。

承蒙各位的大力协助，这本书终于出版了。
负责人伊藤，编辑松田，设计师 Sendouda，摄影师松永，
宝岛社营业部和广告宣传部的各位，以及所有参与这本书制作的朋友，非常感谢。

另外，还要感谢经常关心我的朋友，无论什么时候都会赶来帮助我的妈妈和姐姐，以及 15 年前就说过“我知道自己快不行了，临走前想吃草莓，你去给我买吧”，而今年就要迎来 93 岁生日的祖母清子。

还有我的老公，面对着好几个月几乎素颜、总是弯着背、几乎快成废人的我，什么都没说，一直在默默支持我。

感谢总是精神饱满地对周围保持笑容的女儿 Ami。

因为有你在身边，所以都挺过来了。不久后就能尝试用手之外的工具吃饭了吧？

还有无比重要的，经常看我的博客、提建议、默默关注我的各位，

真的非常感谢你们。

人的一生，总会有受挫的时候。
即使是众人眼里无比幸福的人，也会有这样那样的烦恼。

例如溜肩膀。

有时会又哭又叫地爆发出来，想把所有的东西都丢掉；
有时会独自忍受寂寞，快要崩溃；
有时会从心底厌恶自己……

但是，还是要用残存的理性咀嚼消化然后忍耐，度过每一天。
人生就是这样反反复复。
偶尔会被人嫌弃，但无论何时都不忘感恩和体谅。
如果有人对我说“你可以的”，我就会努力再坚持一下。

真到那个时候就完全不会那样想了。

没有意义。

自己和自己觉得重要的人明白就足够了。
有好吃的东西，会在不经意间笑起来，就是最幸福的。

最后再一次谢谢大家阅读这本书。

山本优莉

图书在版编目(CIP)数据

好吃又好做的活力简餐 / (日)山本优莉著，高莉译. -- 海口 : 南海出版公司, 2018.1
ISBN 978-7-5442-6334-4

Ⅰ. ①好… Ⅱ. ①山… ②高… Ⅲ. ①食谱-日本
Ⅳ. ①TS972.183.13

中国版本图书馆CIP数据核字(2017)第243507号

著作权合同登记号 图字：30-2014-178

好吃又好做的活力简餐
〔日〕山本优莉 著
高莉 译

出　版 南海出版公司 (0898)66568511
　　　海口市海秀中路51号星华大厦五楼 邮编 570206
发　行 新经典发行有限公司
　　　电话(010)68423599 邮箱 editor@readinglife.com
经　销 新华书店

责任编辑 秦　薇
特邀编辑 郭　婷
装帧设计 朱　琳
内文制作 博远文化

印　刷 天津市银博印刷集团有限公司
开　本 889毫米×1194毫米 1/16
印　张 6
字　数 80千
版　次 2018年1月第1版
　　　2018年2月第2次印刷
书　号 ISBN 978-7-5442-6334-4
定　价 39.80元